海南长臂猿生态行为图鉴

齐旭明　刘　景　等 编著

中国林业出版社
China Forestry Publishing House

图书在版编目（CIP）数据

海南长臂猿生态行为图鉴 / 齐旭明等编著. -- 北京:
中国林业出版社, 2023.12
ISBN 978-7-5219-2501-2

Ⅰ. ①海… Ⅱ. ①齐… Ⅲ. ①长臂猿—行为生态学—
海南—图集 Ⅳ. ①Q959.848-64

中国国家版本馆CIP数据核字(2024)第007676号

策划编辑：肖　静
责任编辑：葛宝庆　肖　静
装帧设计：北京八度出版服务机构
————————————————
出版发行：中国林业出版社
（100009，北京市西城区刘海胡同 7 号，电话 83143612）
电子邮箱：cfphzbs@163.com
网址：www.forestry.gov.cn/lycb.html
印刷：北京雅昌艺术印刷有限公司
版次：2023 年 12 月第 1 版
印次：2023 年 12 月第 1 次印刷
开本：889mm×1194mm　1/16
印张：7.75
字数：193 千字
定价：88.00 元

《海南长臂猿生态行为图鉴》

编 辑 委 员 会

中国地域辽阔，自然环境复杂多样，960万平方公里的大地孕育着丰富的生物资源，是世界上生物多样性最丰富的国家之一。作为进化类型最为高等的动物，灵长类在我国的种类高达28种，隶属于懒猴科、猴科和长臂猿科，成群生活在热带、亚热带和温带的密林深处，具有复杂的社会组织结构和生存行为，一直以来是森林生态系统的旗舰物种，是生态环境健康发展的重要标志。

改革开放以来，我国灵长类研究从过去分布与数量调查逐步进行到行为生态与分子进化的研究，通过不断努力解析了许多过去不太了解的灵长类中一些物种的演化历史、适应辐射和种群格局形成的过程，揭示了许多濒危种群的遗传学机制，提出我国灵长类保护的有效途径与管理对策，极大地推动了我国灵长类的研究与保护水平，获得了国际同行赞誉，迎来了我国灵长类研究的新时代。

海南长臂猿是我国特有珍稀的保护物种，仅分布于海南岛热带雨林中，由于山高路远、森林茂密、潮湿多雨、蚊虫叮咬等原因，人们对于它们的生活习性了解得非常肤浅，揭开它们的神秘面纱一直是科学家梦寐以求的向往，以至于世界自然保护联盟（IUCN）物种生存委员会几次将这个物种列入全球最受关注的25种灵长类。在20世纪50年代，这个物种还有2000余只生活在海南岛大部分地区，令人不幸的是，随着经济建设的需要，人们大量砍伐热带雨林从事橡胶林种植，海南长臂猿赖以生存的栖息地陡然剧减，到了今天仅生活在海南岛霸王岭热带雨林中，种群数量为37只，唤醒全社会保护非常珍贵的长臂猿已经刻不容缓了。

令人欣慰的是，随着海南热带雨林国家公园的建立，保护热带雨林和海南长臂猿已经是海南生态文明建设的发展战略。当我阅读完《海南长臂猿生态行为图鉴》这本书，心中不由得十分感慨，这是一群从事保护海南长臂猿的基层队伍与科研工作者，常年深入野外观察取得的珍贵图片与资料，从中我们能够了解这个神秘物种的行为生态学知识，激发我们参加保护这个可爱动物的行列，海南长臂猿保护的春天到来了！

我特别推荐这个图鉴给热爱保护大自然的人们！

中国动物学会灵长类分会首任理事长

世界自然保护联盟物种生存委员会（IUCN/SSC）灵长类专家组副主席

海南长臂猿（*Nomascus hainanus*）隶属灵长目（Primates）长臂猿科（Hylobatidae）冠长臂猿属（*Nomascus*），为国家一级保护野生动物，被《世界自然保护联盟濒危物种红色名录》列为极危（CR）物种。海南长臂猿是海南岛特有物种，现仅分布于海南热带雨林国家公园霸王岭片区。其种群数量自2010年以来呈稳步增长趋势，2022年底有6个家庭群共37只个体。海南长臂猿栖息于热带雨林和亚热带山地湿性季风常绿阔叶林，主要以肉厚汁多的浆果类为食，营家族式群居生活，家域面积在长臂猿科中较大。海南长臂猿的婚配制度多为独特的一夫二妻制。20世纪50年代以来，海南长臂猿种群发生过一次大规模的锐减，种群是从1980年代的7～9只个体发展而来的。

2002年，第19届国际灵长类大会上公布的全球最濒危的25种灵长类名单中，海南长臂猿被列为第五位。在中国的现生灵长类动物的保护级别中，海南长臂猿则被列为第一。2007年，世界自然保护联盟（IUCN）物种生存委员会与国际灵长类学会联合公布：20世纪全球无任何灵长类物种灭绝记录，21世纪全球最有可能灭绝的灵长类是海南长臂猿。

为加强对海南长臂猿的识别、宣传、保护和管理力度，加深社会公众对海南长臂猿的认识，增强对该物种及其生境的保护意识，促进海南生态文明和海南热带雨林国家公园建设，海南热带雨林国家公园管理局霸王岭分局联合海南师范大学编著出版了《海南长臂猿生态行为图鉴》一书。本书主要包括海南长臂猿的生态习性和行为特性两部分：第一部分为海南长臂猿的生态习性，主要对海南长臂猿保护工作开展以来的有关研究成果进行简单介绍，从世界范围灵长类物种生存状况，国内长臂猿发展历史，海南长臂猿栖息环境，海南长臂猿活动规律、食性及觅食规律、种群结构等方面，以图文并茂的形式系统介绍海南长臂猿的发展历史和生存状况；第二部分为海南长臂猿的行为特性，主要根据生物学特性和生活习性，对海南长臂猿的行为模式进行了划分，并提供了30种行为的中文名、英文名、行为描述、行为特点、行为意义等信息。本书图文并茂，可供相关科研工作者、大专院校师生及野生动物保护监管部门和执法人员参阅。

本书得到了海南热带雨林国家公园管理局霸王岭分局专项资金的资助，并得到了热带岛屿生态学教育部重点实验室、海南省热带动植物生态学重点实验室、海南省院士创新平台等科研平台的支持。在编写过程中采用了众多科研工作者、林业工作人员、动物爱好者等提供的精美照片，在此对以上拍摄者表示衷心的感谢。

由于编者专业水平所限，书中若有错漏之处，恳请读者批评指正，并提出宝贵意见和建议，以便改正完善。

编著者

2023年12月

CONTENTS
目 录

长臂猿是一类体小、行动敏捷的高度树栖类人猿，因臂长于身而得名。该类群无尾，肩关节和腕关节都很灵活，能在林冠上层以臂荡式活动，几乎不下地活动。长臂猿栖息在原始或次生常绿阔叶林中，主要以浆果或嫩叶为食，一个家族通常由两个成年雌性、一个成年雄性和几个后代组成，其家域范围相对比较固定。

海南长臂猿一家四口

海南长臂猿

西黑冠长臂猿

白掌长臂猿

西白眉长臂猿

北白颊长臂猿

东黑冠长臂猿

高黎贡白眉长臂猿

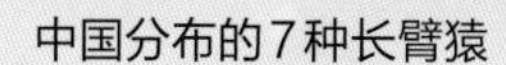

中国分布的7种长臂猿

长臂猿2～3年发情一次，3～5年繁殖一次，1胎1仔，6～8岁性成熟，寿命25～30年，人工饲养下其寿命可达60岁。现在的长臂猿科分为4个属17个种，中国分布有3属7种长臂猿，分别为东黑冠长臂猿（*Nomascus nasutus*）、西黑冠长臂猿（*Nomascus concolor*）、海南长臂猿（*Nomascus hainanus*）、白掌长臂猿（*Hylobates lar*）、北白颊长臂猿（*Nomascus leucogenys*）、西白眉长臂猿（*Hoolock hoolock*）和高黎贡白眉长臂猿（*Hoolock tianxing*）。据历史记载，长臂猿曾分布于长江三峡沿岸。随着生境的破坏，16世纪已无三峡长臂猿的存在。直至18世纪，长臂猿还广泛分布于我国湖南、云南、广西、广东和海南等地。目前，长臂猿仅在中国云南、广西和海南等有分布，其中西黑冠长臂猿、西白眉长臂猿和高黎贡白眉长臂猿分布于云南，东黑冠长臂猿分布于广西，海南长臂猿仅分布于海南热带雨林国家公园霸王岭片区。海南长臂猿现有6个家庭37只个体，是我国特有种，海南热带雨林国家公园霸王岭片区是其目前唯一的栖息地。海南长臂猿位列全球最濒危25种灵长类动物首位，尚未在动物园内有饲养的个体或群体。

第一部分
海南长臂猿的生态习性
Ecological habits of *Nomascus hainanus*

海南长臂猿（*Nomascus hainanus*）隶属哺乳纲（Mammalia）灵长目（Primates）长臂猿科（Hylobatidae）冠长臂猿属（*Nomascus*），是海南特有珍稀濒危动物，被列为国家一级保护野生动物，也是海南热带雨林国家公园的旗舰种和重要的生态指示种。

海南长臂猿，身形矫健，头顶有明显的发冠，“形似一顶帽子”。该物种没有尾巴，雌雄异色，成年雄猿通体黑色，成年雌猿金黄色，体重7～10千克，身长约110厘米，前肢远远长于后肢，运动方式为“臂行式”或“荡行式”。海南长臂猿一生中要变换多次毛色。刚出生的小猿是金黄色的，只有头顶正中有道黑线；长到6个月左右，毛色基本变成黑色，首先是肩部、背部、手臂、臀部，然后再扩大到身体的其他部位，最后是腹部。到7～8岁时，毛色才渐分雌雄，雌猿变成金黄色的着装，而雄猿却还是一身黑衣。雄猿的体毛完全变为黑色后就不再变化，但雌猿达到性成熟的年龄时，毛色却又从黑色逐步变成淡黄色，最后变为金黄色，是一个渐进的过程，需一年多的时间方可完成，期间所呈现的，是一只不黑不黄的“灰猿”。

海南长臂猿新生婴猿的毛色变化

海南长臂猿的活动领域比较固定，无季节迁移现象。其生性机警，拂晓开始活动，有固定的活动范围和活动路线。海南长臂猿是树栖猿类，在树上自如攀缘，活动与觅食均在15米高的大乔木的冠层或中层穿越行进，很少下至5米以下的小树上活动。它没有固定的睡觉地点，也不会做窝。睡觉时蜷曲在树上，有时也会在树干上仰天而卧，在树冠层中生活；自然寿命40岁左右，7～8岁性成熟，平均2～3年一胎，每胎生1仔；喜鸣叫，多在拂晓鸣叫，每次鸣叫持续5～20分钟，声音由低到高，由缓到急，非常悦耳。其鸣叫既有领唱，也有合唱、独唱。鸣叫可能是为了保卫资源、领域、配偶，或是为了吸引配偶，加强和展示配偶间的关系。

长臂猿同黑猩猩、倭黑猩猩、大猩猩、猩猩（红毛猩猩）被列为与人类关系最密切的类人猿。海南长臂猿是我国特有的类人猿，目前只分布于海南岛，仅有37只（2022年年底），被誉为“人类最孤独的近亲”。因此，海南长臂猿的栖息地恢复和种群复壮势在必行，本部分对我国特有种海南长臂猿的主要研究成果进行一个系统回顾，从它的分类地位、种群数量及分布、种群遗传多样性、行为生态学、行为学、智能化监测、保护管理等方面进行阐述，立足于过去的研究基础，用新兴的研究技术和手段来实现更好的保护。

海南长臂猿（左雌右雄）

一、海南长臂猿的分类地位

海南长臂猿是一个独立有效的物种，隶属灵长目长臂猿科冠长臂猿属，无亚种。海南长臂猿早在《琼州府志・物产篇》（道光年版）中就有记载，描述其雌雄长臂猿的体色差异，且善于在树木间攀缘。此后，国外学者也先后报道了海南长臂猿的存在（Du Halde，1735；Swinhoe，1870；Pocock，1905）。1957年，“海南脊椎动物采集队”在海南省琼中县吊罗山重新发现了海南长臂猿野生群体（刘咸，1978）。在我们国家有七种长臂猿生活，但是在2006年之前，海南长臂猿一直被认为是黑冠长臂猿的一个海南亚种，并没有独立分

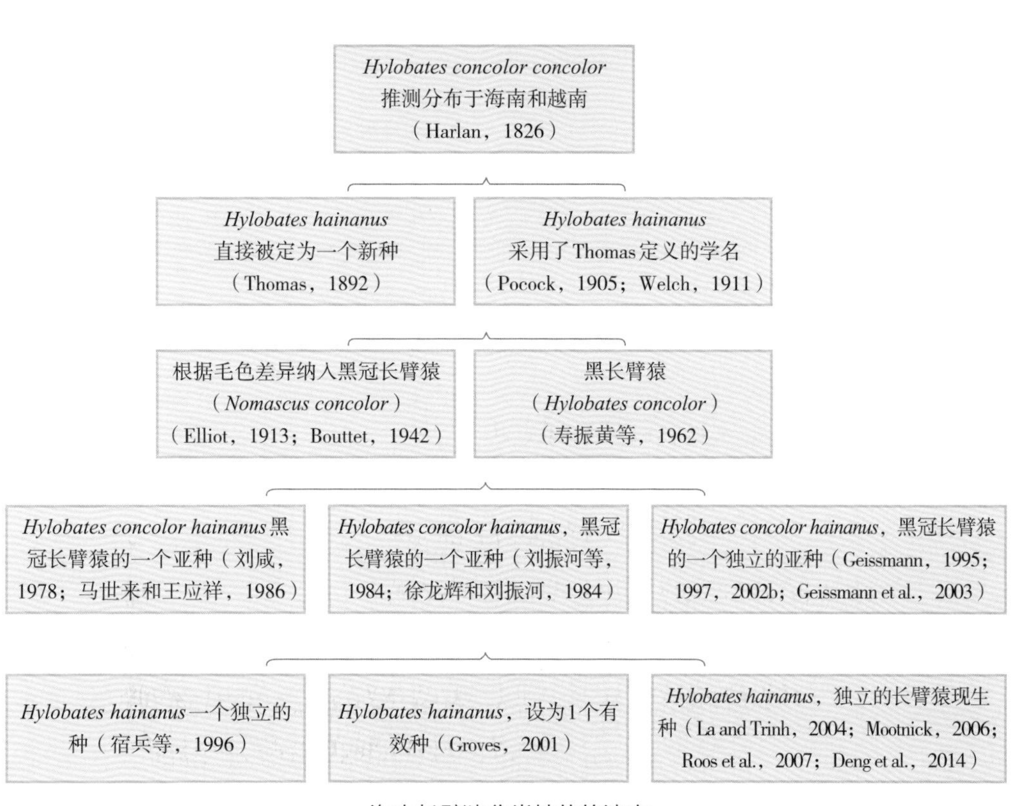

海南长臂猿分类地位的演变

类出来，海南长臂猿一直被记录为海南黑冠长臂猿。其实早在1735年，就有书籍记载海南长臂猿，法国作家杜赫德编写的《中华帝国全志》里称海南岛的大山中有一种“乌猿”。直到19世纪末，英国有位动物学家叫作奥德菲尔德·托马斯通过研究一副被带到英国自然历史博物馆的标本，将其命名为“海南长臂猿”，但是命名后不久，海南长臂猿就销声匿迹了。直到20世纪50年代末才重新回到人们的视野中，这个命名因为研究资料太少，结果不了了之。在之后的很长一段时间里，因为黑冠长臂猿的各个物种之间的个体都比较相似，分类学家对海南长臂猿的分类一直存在一些争议。有些学者依旧认为海南长臂猿就是黑冠长臂猿在海南的一个亚种，而另一些学者认为海南长臂猿应该单独分类出来。这样的争议一直持续到21世纪初，到了2006年世界自然保护联盟（IUCN）灵长类专家组会议才正式恢复海南长臂猿一个独立物种地位，这样的一个“名分”到此才终于给到了海南长臂猿。海南长臂猿的分类地位经过多次变动才暂且确定下来。

二、海南长臂猿种群数量及分布

中国共有7种长臂猿，分别为东黑冠长臂猿、西黑冠长臂猿、海南长臂猿、白掌长臂猿、北白颊长臂猿、西白眉长臂猿和高黎贡白眉长臂猿（天行长臂猿）。目前，西黑冠长臂猿在中国有1300余只，全球仅有1400余只；东黑冠长臂猿全球仅有140余只，在中国有5群36只；西白眉长臂猿在中国仅有150只左右；高黎贡白眉长臂猿在中国仅存150只左右。根据2022年海南长臂猿大调查结果，其种群数量为6群37只。海南长臂猿的种群数量低于其维持生存的最小种群数，种群复壮面临严重的挑战。

截至2022年10月海南长臂种群结构和组成

群组	成年雄性（只）	成年雌性（只）	青、幼年（只）	群体大小（只）	备注
A群	1	2	4	7	
B群	2	2	3	7	
C群	2	2	3	7	
D群	1	2	3	6	
E群	1	1	1	3	
F群	1	2	0	3	2只母猿为2021年海南长臂猿大调查中的独猿；1只成年的公猿为C群分离出来的。
独猿	1	0	0	1	
独猿	1	0	0	1	
独猿	0	2	0	2	
总数	10	13	14	37	

（一）海南长臂猿种群数量

20世纪50年代以来，海南长臂猿种群发生过一次大规模的锐减，种群是从1980年的7只个体发展而来的。2000—2002年，调查发现海南长臂猿数量为3群10～12只（Wu et al.，2004）。2003年，海南长臂猿数量为2群13只（Zhou et al.，2005）。2007年，海南长臂猿数量为2群20只（Fellowes et al.，2008；周

江等，2008）。2010年1月16日，《海南日报》报道海南长臂猿为20～22只，明确记录到的20只海南长臂猿中包括2个家庭群18只和2只独猿（一雄一雌），另外2只独猿观测不太明确（范南虹和杨世彬，2010）。2011年3月17日，海南长臂猿总数达到2群23只，并被命名为A和B两个家庭群，4只雌猿中仅3只处于生育期，且此次是B群2号母猿第五次产仔（范南虹，2011）。

海南长臂猿年龄组划分条件

年龄组	性别	毛色	行为	年龄跨度（年）
成年组	雄	黑色	晨鸣领唱	
	雌性	黄色		
婴儿组	雌/雄	变化中	哺乳中	出生至1年
少年组	雌/雄	黑色	脱离母体	1至4年
青年组	雄	黑色		
	雌	黑变黄		

2011年9月，海南长臂猿新组建了一个家庭群，共有3群23只（周一妍，2013）。2015年，海南长臂猿大调查中显示，长臂猿个体数量达到了25只，均生活在海南省霸王岭国家级自然保护区。2019年年底，海南霸王岭国家级自然保护区中有4群30只海南长臂猿个体（李梦瑶，2021）。2021年3月初，其种群增长至5群35只（李梦瑶，2021）；2022年年初，海南长臂猿种群数量为5群36只。自2000年以来，仅存于海南省霸王岭国家级自然保护区的海南长臂猿一直处于稳步增长态势，但仍属于极小种群，远未达到脱危的最低标准。2022年10月，海南长臂猿大调查中显示，种群数量为6群37只。

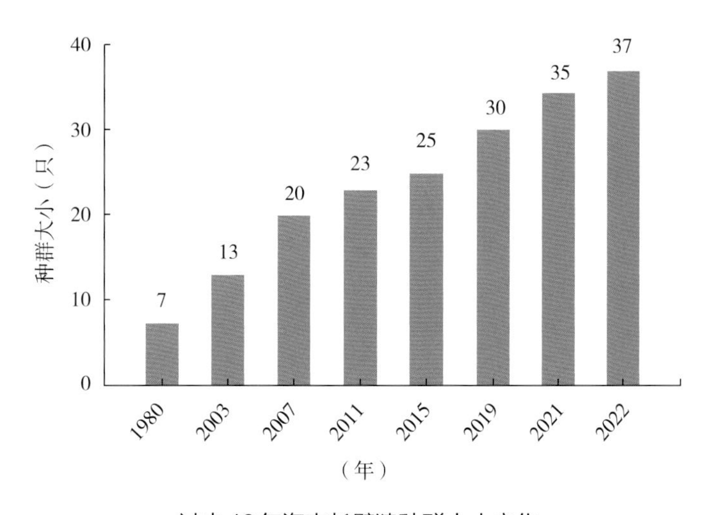

过去40年海南长臂猿种群大小变化

（二）海南长臂猿分布的变迁

长臂猿曾广泛分布于我国大部分南方省份，近几百年来其分布区发生了明显的变化。明清时代，长臂猿广泛分布于湖南的湘西一带，随后相继灭绝；到20世纪初，长臂猿在湖南境内消失（何业恒，1988）。长臂猿分布区从北到南、从东到西地逐步退缩，根据分布趋势的特点可划分为6个阶段（王应祥等，2000）。长臂猿分布区除从东北向西南退缩的趋势之外，也围绕着各个主要分布区的中心地带向内收缩直至消失，现存的分布区仅剩下西南边陲与海南岛西北部（周运辉和张鹏，2013）。

长臂猿分布区逐步退缩的6个阶段

长臂猿分布区退缩的阶段	长臂猿退缩趋势
4至6世纪	广泛分布于我国大部分南方省份，长江三峡的长臂猿渐趋灭绝
16至18世纪	长江三峡的长臂猿，陕西凤翔府与安徽安庆府、徽州府的长臂猿完全灭绝
19世纪	湖南、江西、浙江的长臂猿大部分灭绝
20世纪初至50年代	华南的长臂猿相继灭绝
20世纪50年代初至80年代初	长臂猿数量急剧减少
20世纪80年代以后	由于保护区的设立，长臂猿减少的趋势得到遏制

近几十年来，海南长臂猿的分布区也发生了明显的变化。海南长臂猿曾广泛分布在海南省和云南省（高耀亭等，1981），后来由于人为猎杀和栖息地破坏，海南长臂猿在云南可能已灭绝（倪庆永和马世来，2006）。17世纪后半叶，它曾分布于海南岛全岛，海南多个地方志均有海南长臂猿的记载。20世纪50年代初，它在海南省的12个市、县有分布；60—70年代，它在海南的澄迈、屯昌、琼海、万宁、保亭、崖县相继灭绝（刘振河等，1984）。1978—1983年，它从海南的五指山、黎母岭、尖峰岭、霸王岭和鹦哥岭等地退缩至霸王岭长臂猿自然保护区、鹦哥岭和黎母岭两地的西南坡（刘振河等，1984）。1997年，海南长臂猿的数量和分布区明显减小，仅在海南霸王岭国家级自然保护区分布（宋晓军和江海声，1999）。2022年底，海南长臂猿共有6群37只，全部分布于海南热带雨林国家公园霸王岭片区。

海南长臂猿分布示意图

（三）海南长臂猿分布变迁成因

长臂猿的生存和发展与热带原始森林的存在休戚相关，其分布和数量在一定程度上反映了东南亚热带原始森林的现状。我国长臂猿从东北向西南退缩并围绕各个主要分布区的中心地带向内收缩直至消失，其分布面积急剧退缩的原因有很多，Zhang等（1992）发现捕猎等人为因素是长臂猿快速灭绝的主要原因。范朋飞和蒋学龙（2007）对无量山大寨子黑长臂猿亚种群100年内的命运和影响因素做了详细分析，发现在没有偷猎和栖息地破坏的情况下，其种群在100年内无灭绝危险；此外，若扩大物种栖息地，种群会在短时间内增加。针对长臂猿的地理分布，周运辉和张鹏（2013）通过量化各时代的社会、人口、气温等数据分析，发现长臂猿在中国的分布变迁主要受社会、人口和气温等因素的影响，其中人类影响占主导地位。

长臂猿分布区变迁的原因

长臂猿种类	长臂猿分布区		栖息环境	分布区变迁的原因	参考文献
	原分布区	现分布区			
东黑冠长臂猿	中国南部至越南北部，向南延伸至红河	中国广西邦亮长臂猿国家级自然保护区与越南高平省重庆县长臂猿保护区	热带雨林和南亚热带山地湿性季风常绿阔叶林，其栖息地海拔50～930米	偷猎和栖息地的丧失	Tan，1985；Geissmann et al.，2000；Geissmann et al.，2003；韦绍干等，2017
西黑冠长臂猿	中国（云南）、老挝和越南。历史记载见于中国广西，甚至远至长江三峡地区	云南省中部的哀牢山区和无量山区	热带雨林和南亚热带山地湿性季风常绿阔叶林、半常绿和落叶林，海拔2700米以下的常绿阔叶林和半常绿阔叶林	破坏性的当地森林使用和狩猎、选择性伐木和农业侵占	Geissmann et al.，2000；Jiang et al.，2006；Sun et al.，2012；Wei et al.，2017
海南长臂猿	海南省、云南省	海南霸王岭国家级自然保护区	热带雨林和南亚热带山地湿性季风常绿阔叶林，海拔650～1200米的山地雨林	森林丧失	杜瑞鹏等，2022
北白颊长臂猿	中国（云南）、老挝和越南	老挝和越南北部	高大的原始和退化的常绿和半常绿森林	栖息地破坏、人口的增加、偷猎	汪松，1998；宋志勇等，2017
白掌长臂猿	中国南部地区，缅甸东部、老挝、泰国、马来西亚和印度尼西亚等地	印尼（苏门答腊）、老挝、马来西亚、缅甸、泰国	南亚热带季风常绿阔叶林，海拔一般在海平面至海拔1500米	栖息地破坏	李茂盛和胡灿坤，2003；陈志，2016
西白眉长臂猿	中国、孟加拉国、印度（阿萨姆）和缅甸	中国藏南地区，印度、缅甸、孟加拉国	热带或亚热带的高山密林	狩猎和森林砍伐	姜睿姣等，2020
高黎贡白眉长臂猿	印度东北部阿萨姆和缅甸北部，在中国分布于云南西部怒江以西的保山、腾冲、盈江等地	云南省高黎贡山国家级自然保护区（腾冲大塘和保山隆阳区）、保山市腾冲县猴桥镇和德宏傣族景颇族自治州盈江县3个片区	海拔2500米以下的中山湿性苔藓林或次生常绿阔叶林，也见于海拔1000米以下的热带雨林或季雨林区	偷猎和栖息地退化	Fan et al.，2011；Chan et al.，2017；Fan et al.，2017；Zhang et al.，2020

海南长臂猿主要栖息于热带雨林和南亚热带山地湿性季风常绿阔叶林，曾分布于海南省和云南省。海南热带雨林植被资源相当丰富，非常适合海南长臂猿的生存。随着经济的发展，人口剧增对海南热带雨林造成了毁灭性的破坏。随着热带雨林面积的减少，海南长臂猿的分布面积也随之减少；而且它的现生分布区及现在可能分区与现有原始热带雨林分布区非常吻合，说明热带雨林面积减少是造成海南长臂猿分布区退缩的根本原因（彭红元等，2008）。海南长臂猿因其栖息环境和食性特点，被天敌捕食的可能性非常小；而且与其他物种的生态位不同，食物竞争物种也不会对它造成威胁。植被丧失是海南长臂猿分布变迁的最主要的因素，热带雨林分布状况是海南长臂猿分布的关键因子，人类对其栖息地的破坏和猎杀是导致其种群数量和现有分布区直接减少的根本原因。

海南长臂猿分布区变迁的原因

海南长臂猿分布区		分布区生境	分布区变迁的原因	参考文献
原分布区	现分布区			
海南省、云南省	海南省	热带雨林和南亚热带山地湿性季风常绿阔叶林	人为猎杀和栖息地破坏	倪庆永和马世来，2006
海南省、云南省	海南霸王岭国家级自然保护区	热带雨林分布区	因药用价值、食用价值和毛皮价值被猎杀	刘振河等，1984；倪庆永和马世来，2006；彭红元等，2008
海南岛全岛	海南霸王岭国家级自然保护区	热带雨林分布区	大量地砍伐木材等人为活动，毁林开荒耕作，热带雨林面积减少	陈永富，2001；彭红元等，2008

三、海南长臂猿种群遗传多样性研究

遗传多样性是物种各个水平多样性的重要基础，遗传多样性的高低代表着物种对环境变化适应能力的强弱。物种遗传多样性越高，其对外界环境变化的适应能力越强，越容易使物种得到延续。物种遗传多样性主要从表型、染色体、蛋白质和DNA四个层面来研究，长臂猿的遗传多样性研究也主要集中在这四个方面。最早，宿兵等（1996）通过非损伤性DNA基因分型技术，发现中国黑冠长臂猿线粒体DNA序列遗传变异度很高，同时将中国黑冠长臂猿分为*H. concolor*，*H. leucogenys*和*H. hainanus*三个种。张亚平（1997）通过测定白眉长臂猿、黑冠长臂猿、白掌长臂猿和合趾长臂猿的线粒体细胞色素b基因序列，发现黑冠长臂猿亚种间的遗传分化程度显著高于白掌长臂猿亚属种间的分化程度，且黑冠长臂猿可能至少应分为4个种。余定会等（1997）通过染色体涂染法检测出人和白眉长臂猿同源的59对染色体片段，初步探讨了长臂猿属的染色体进化。针对黄颊长臂猿与白颊长臂猿的种间杂交和外形难以区分的情况，孙伟东等（2019）通过线粒体细胞色素C氧化酶亚基I（cytochrome C oxidase subunit I，COI）标记，将圈养的黄颊长臂猿与白颊长臂猿进行了明显区分。陈蓉等（2020）筛选圈养黄颊长臂猿的简单重复序列（Simple Sequence Repeats），发现圈养群体间亲缘关系比较近，其群体遗传性属于中度多态。综上所述，长臂猿的遗传多样性检测可为其种间进化、科学饲养和管理提供依据。

海南长臂猿的种群遗传多样性研究主要通过线粒体DNA控制区（D-loop）和微卫星分子标记来实现。起初，李志刚等（2010）首次在分子生物学水平上测定海南长臂猿B群粪便线粒体D-loop区基因序列，发现202 bp的D-loop区基因中有5个变异位点、4个单倍型，单倍型多样性（h）为0.6000，核苷酸多样性（π）为0.00829，表明海南长臂猿B群的遗传多样性较低，并且与其他濒危灵长目相比均较低。随后，研究者通过非损伤性遗传取样法采集海南长臂猿A、B和C家庭群粪便样品，利用10个微卫星分子标记、3对性别鉴定基因和线粒体DNA控制区（D-loop）序列的扩增，发现1005 bp的D-loop区基因中有5个变异位点、2个单倍型，其中，单倍型多样性（h）为0.545，核苷酸多样性（π）为0.00271，这表明海南长臂猿A、B和C家庭种群遗传多样性水平极低，且其遗传多样性低于任何其他野生灵长类种群的遗传多样性。此外，研究者还检测到代表两个祖先谱系的两种单倍型，并发现微卫星多态位点的杂合度和等位基因均下降，这暗示其种群曾发生过遗传瓶颈。海南长臂猿后代的雌雄比显著偏离1∶1，预示着其种群将经历持续的高水平近亲繁殖（韩玲，2019；Guo et al.，2020，2021）。由此可见，现存海南长臂猿种群的遗传多样性较低，在种群萎缩的过程中发生过遗传漂变，其种群的复壮面临巨大挑战。虽然现在海南长臂猿种群数量处在稳步增长中，但还需要采取必要的人工正向干预，增强其适应环境的能力，使其迅速恢复种群数量和遗传多样性。

四、海南长臂猿的行为生态学研究

我国灵长类行为生态学研究起步相对较晚，进入21世纪后开始快速发展。其行为生态学研究的主要内容包括食物和食谱、栖息地选择、活动节律等，以及对人类干扰、环境变化和温度变化的响应等（尹峰等，2015）。海南长臂猿是我国的特有种，目前仅分布在海南热带雨林国家公园霸王岭片区，学者对其食性、栖息地群落优势种及社群结构等进行了相关研究（林家怡等，2006a，b；周江，2008）。

（一）海南长臂猿社群结构、大小

长臂猿的主要婚配制度是单配制（monogamy），群体平均大小为4只（Leighton，1987），但也有一夫多妻制（Fuentes，2000；Sommer and Reichard，2000）的模式存在。云南景东无量山区和新平哀牢山区的黑冠长臂猿配偶机制存在一夫一妻制和一夫多妻制，栖息地的破坏或狩猎和活动范围受限可能是一夫一妻制形成的主要原因（蒋学龙等，1994）。

海南长臂猿多是独特的一夫二妻制的家庭结构，通常由4～10只个体组成，包括1只成年雄性，2只成年雌性及它们的后代（Liu et al.，1987，1989；徐龙辉等，1983）。自1986年起，海南省霸王岭国家级自然保护区内分布的2群长臂猿，每一个家庭群都有2个成年雌性；1994年保护区内新增一个家庭群，为一夫一妻制；至1997年，保护区内的3群长臂猿均为一夫二妻的社会结构（Jiang et al.，1999）。一夫多妻制是海南长臂猿的正常模式（Wu et al.，2004）。家庭群内雄性个体在即将达到性成熟时，或自动或被家庭群中的雄性家长驱赶离开出生群，开始营独栖生活（周江，2008）。后来的研究也表明，海南长臂猿家庭群也多是一夫二妻的社会结构（邓怀庆和周江，2015），也有一夫一妻和二夫二妻的家庭模式，说明海南长臂猿有着更灵活的家庭结构组成模式（Li et al.，2022）。

海南长臂猿C群

（二）栖息地及家域

长臂猿主要在热带低地雨林或亚热带山地常绿阔叶林中活动，也有一些分布范围靠北的种群活动在有季节性变化的常绿林和半落叶林混交林中（Chivers，1974）。云南白眉长臂猿和黑冠长臂猿分布的海拔为1500～2500米，属亚热带季风气候；白掌长臂猿分布的海拔为1000～1800米，白颊长臂猿分布的海拔为700～1000米，均属热带季风气候。4种长臂猿都分布在有明显雨季和旱季的地区，且这些地区相对湿度均在70%以上（李茂盛和胡灿坤，2003）。云南省哀牢山平河黑冠长臂猿栖息地是以木果石栎、疏齿栲、红木荷等为代表的典型的中山湿性常绿阔叶林（李永昌和陆玉云，2008），其优势树种是露珠杜鹃（*Rhododendron irroratum*），生境中乔木的多样性指数、均匀度指数在沟底明显降低，与其他地区的长臂猿相比，哀牢山黑冠长臂猿的活动程度较低（树冠层高度10～22米），且果实性食物种类较少（孙国政等，2007）。高黎贡山赧亢白眉长臂猿有相对固定的夜栖区和取食区，春季高黎贡山赧亢白眉长臂猿的取食区和夜栖区主要集中在草果种植区，而秋季高黎贡山赧亢白眉长臂猿的夜栖区和取食区并不与草果种植区重叠，春季高黎贡山赧亢白眉长臂猿活动区域仅占秋季活动区域面积约1/2（李旭等，2011），偏好在东坡活动，以避开寒冷的西风。该物种春季偏爱栓皮栎和拟樱叶柃等乔木，秋季则较多地选择截果石栎和白穗石栎。在秋季，影响栖息地选择的显著的因素是距道路距离、距草果地距离、灌木密度、竹密度、竹平均高度和藤本密度等。在秋季，草果采收迫使东白眉长臂猿绕开草果种植的空旷地，迁移到陡峭沟谷区，利用藤本植物上下移动（Bai et al.，2011）。坡度以及藤本密度是影响大塘片区白眉长臂猿生境利用的主要因子（白冰等，2008）。赧亢适宜白眉长臂猿栖息的生境呈破碎化分布，而高黎贡山大塘白眉长臂猿春季的植被均匀性和完整性较高。两地白眉长臂猿都会选择树形高大、树冠连续、郁闭度高的乔木，以便更好地活动；同时，人为干扰强度是导致两地白眉长臂猿生境利用差异的重要原因之一（白冰等，2011）。

在海南热带雨林国家公园霸王岭片区内，海南长臂猿活动的海拔范围为800～1200米，4群海南长臂猿家域面积之和约为1200公顷，而当时保护区内的热带雨林与沟谷雨林面积仅1500平方千米（Liu et al.，1989）。基于此，刘振河和覃朝锋（1990）认为，保护区内的海南长臂猿种群已接近其环境容纳量。1995年，保护区内仅有700～800公顷的森林适合海南长臂猿生存，保护区内的生境很可能已达到容纳的极限（Zhang et al.，1995）。海南长臂猿的家域面积较大，早期的研究结果为3.05～5.00平方千米（刘晓明等，1995），后来的学者利用地理信息系统（GIS）对家域面积进行了重新的研究，结果为5.48～9.87平方千米（Fellowes et al.，2008；周江等，2009）。目前，海南长臂猿仅生活在海南霸王岭面积约16平方千米的区域，其适宜生境被人工松树林、公路等分割。海南长臂猿的家域面积远大于长臂猿其他种类单个家族群的家域面积，如生活在泰国的白掌长臂猿及印尼爪哇地区的银白长臂猿（*H. moloch*），家域面积仅有0.16平方千米和0.17平方千米。生活在孟加拉国的白眉长臂猿（*H. hoolock*）及马来半岛的白掌长臂猿具有较大的家域面积，但也只有0.45～0.56平方千米（Chivers，2001）。

海南长臂猿生境可分为4种类型：①热带沟谷雨林，海拔400～800米；②热带山地雨林，海拔700～1280米的各种地形条件下均有分布，为核心区内植被的主体；③山地苔藓林，主要分布在海拔1100米以上的孤峰或者狭小的山脊；④山顶矮林，主要见于保护区最高峰——斧头岭，海拔1300米以上，分布范围狭窄（Zhou et al.，2008）。但在海拔500～700米，主要是残林、次生林或稀树山坡草地，其中还有部分以松树为主的人工林，树龄小，群落单纯，且人为干扰较大（胡玉佳和丁小球，2000），不适宜海南长臂猿生存。海南长臂猿栖息地树种丰富但没有明显的优势种，其偏爱的植物之间生态位有较明显的重叠现象，并且它们的生态位宽度窄，占据的生境小而集中（林家怡等，2006a）。在栖息地植被结构和组成上，整个霸王岭地区具有典型热带低地雨林特征的龙脑香科和豆科植物种类所占比例非常小，仅为0.28%和0.71%；而樟科占较大的比例，为26.4%；长臂猿喜食的榕属植物种类也较少，能够被海南长臂猿利用的只有14种（周江，2008）。相反，国外一些长臂猿栖息地内的龙脑香科植物一般都占有较大比例，如马来西亚沙巴岛西部龙脑香科植物（32%），印度尼西亚加里曼丹巴利多岛的龙脑香科植物（43%），而且拥有较多的榕属植物（Chivers，2001）。栖息地植被的差异造成海南长臂猿与其他种类长臂猿食物组成上差异较大，这可能与海南长臂猿活动海拔高度有关。云南省无量山黑冠长臂猿栖息植被乔木层物种多样性和结构随着海拔升高呈梯度变化（田长城等，2007），常见的旱冬瓜和潺槁木姜子两种乔木种群变化有利于黑冠长臂猿的生存和繁殖（田长城等，2006），其每份粪便平均含有12粒种子，使种子能够有效传播（范朋飞等，2008）。西黑冠长臂猿栖息地植被特征存在较大的地区差异，其生态与行为可能因此表现出较强的适应性，其未取食无花果类植物可能受人为干扰及植被结构的影响（倪庆永等，2015）。目前，海南长臂猿主要活动区域为海拔800～1200米的热带原始森林，其他种类的长臂猿则主要分布在海拔800米以下的区域（周江，2008）。海南长臂猿较大的家域面积和较差的食物资源反映了海南长臂猿的栖息地质量不高，这严重限制着其种群的恢复。

海南长臂猿栖息地

（三）食性

食性研究是了解野生动物与环境关系的重要内容之一，是评估野生动物栖息地质量的基础。长臂猿是典型的热带树栖灵长类，对食物具有很强的偏爱性。长臂猿主要取食成熟、多糖、多汁的果实，其中无花果的果实占比最高（Leighton，1987）。云南白眉长臂猿、黑冠长臂猿、白掌长臂猿、白颊长臂猿的食性相近，只是食源有别，它们都主要以果、花、叶、嫩枝为主，同样也吃一些昆虫、鸟蛋，但白颊长臂猿还以一些蚂蚁等小动物为食（李茂盛和胡灿坤，2003）。海南长臂猿主要喜食浆果类食物，其次以鲜嫩枝叶和花为食，偶尔食用鸟蛋、昆虫和蜂蜜等。

长臂猿食性差异

长臂猿种类	觅食特点	觅食时间	觅食种类	参考文献
东黑冠长臂猿	7:00喜欢取食果实和无花果，16:00选择更多果实，但无花果较少，13:00至15:00取食叶和芽更多	旱季	以叶和芽为主，同时减少移动和增加取食时间来获取食物	马长勇等，2014；李兴康等，2021b
		雨季	以果实和无花果为主，也觅食无脊椎动物	
西黑冠长臂猿	以浆果和无花果为主，偶尔捕食鼯鼠等脊椎动物。	旱季	取食大量的树叶、芽和花等食物	李茂盛和胡灿坤，2003
		雨季	以果实和无花果为主，觅食昆虫等动物性食物	
海南长臂猿	雨季，取食成熟果实的植物种类较多，易获得食物。旱季，取食果实的植物种类减少，结果量较低且分布不集中	旱季	食源植物有39科61属90种，取食果实、嫩叶和花，增加对植物嫩叶和花取食，亦取食昆虫、鸟卵、雏鸟等	徐龙辉等，1983；唐玮璐等，2021
		雨季	食源植物有47科88属148种，取食果实、嫩叶和花，亦取食昆虫、鸟卵、雏鸟等	
北白颊长臂猿	旱季每天的觅食时间平均为306分钟，雨季为336分钟。每天的觅食高峰出现在8:00至10:00	旱季	以果实、叶、嫩枝、花和动物为食，取食果实较少，食叶量增加，活动范围增大	扈宇等，2016
		雨季	以果实、叶、嫩枝、花和动物为食，取食果实较多，且易于采食，日活动范围减少	
白掌长臂猿	喜食果实，也取食树叶、花、芽等植物性食物和小鸟、鸟蛋、蜥蜴、昆虫等动物性食物	旱季 雨季	食谱中，树叶大约占34%，果实占59%，花朵占3%，昆虫、小鸟等动物性食物占10%左右	李茂盛和胡灿坤，2003；陈志，2016
西白眉长臂猿	春、秋季间食物结构是相似的，取食动物类次数少	春季 秋季	以多种野果、鲜枝嫩叶、花芽等为主要食物，亦食昆虫和小型鸟类	李茂盛和胡灿坤，2003；李旭等，2015
高黎贡白眉长臂猿	春秋季雌猿取食量高于雄猿，雌性独猿取食量高于家群中雌猿取食量。取食果实的频次秋季最高，具有一定的种子传播潜力	春季 秋季	取食果实量最高，其次是嫩叶、茎和花，同样也吃一些昆虫鸟蛋	白冰等，2008；吴建普等，2009

海南长臂猿主要以成熟果实、嫩叶、嫩芽为食（徐龙辉等，1983；刘振河和覃朝锋，1990；林家怡等，2006b），亦取食昆虫、鸟卵、雏鸟等（徐龙辉等，1983）。刘振河和覃朝峰（1990）发现霸王岭内的海南长臂猿取食32科62属119种植物，其中比较喜食的植物有买麻藤（*Genrus montanum*）、重阳木（*Bischoffia javanica*）等40余种。肖宁和周江（2006）的研究发现海南长臂猿经常采食的植物有70余种，海南长臂猿摄食的植物共计40科59属80种，主要以肉厚多汁的成熟果实为主，从形态学上分别有浆果、核果、聚花果等。海南长臂猿食果以及摄食榕果的比例随纬度增高而增高（林家怡等，2006b）。周江（2008）研究结果显示，海南长臂猿采食植物隶属49科77属122种。相比其他种类长臂猿，海南长臂猿采食的榕属植物种数较少。

海南长臂猿取食果实

陈升华等（2009a）研究表明，海南长臂猿主要觅食植物（猿食植物）已知有35科68种，以乔木树种为主，其中尤以桑科（Moraceae）和樟科（Lauraceae）树种为多；黑岭和雅加大岭的森林群落组成结构与斧头岭具有较为相似的组成结构，都具有高的物种多样性指数，香农－维纳（Shannon–Weiner）指数在4.84～6.36，但次生植被群落的物种多样性指数较低，在0～3.48。原生与次生植被的群落相似系数一般为10%左右，有较大的差异（陈升华等，2009a）。刘赟（2015）研究结果显示，海南长臂猿共摄食132种植物，主要选择肉厚汁多的乔木熟果和藤本熟果为食，不吃未成熟的果实，取食嫩叶和花部分的植物种类较少，食物中也包括动物性食物。唐玮璐等（2021）研究结果表明，公孙锥和杏叶柯是海南长臂猿作为夜宿树中数量最多的树种，数量最多的科是壳斗科；海南长臂猿偏好选择胸径更大、高度更高、冠幅更大、枝下高更高的乔木夜宿；一般喜欢在海拔800～1000米区域、坡度15～30度、半阴半阳坡、山坡夜宿，也喜欢在山地雨林夜宿（唐玮璐和金崑，2021）；其食性和食物多样性具有明显的季节性变化。唐玮璐等（2021）的研究结果表明，在雨季，海南长臂猿更容易获得食物，而在旱季会增加对植物嫩叶和花取食的策略或通过增加食物的摄入来弥补所消耗的能量。8月的降水量严重影响浆果、榕果和坚果类的分布，斧头岭、雅加大岭西部地区多种果实类型树种适宜分布概率较高（杜瑞鹏等，2022）。

目前，经过霸王岭主管部门的40多年的努力，掌握了海南长臂猿食用的食源植物种类有50科90属140多种。

海南长臂猿取食嫩枝和花

五、海南长臂猿的行为学研究

我国的灵长类行为学研究起步于20世纪80年代，相对较晚。早期的研究主要通过野外跟踪观察，后期随着技术的发展使得研究者能近距离观察并进行个体识别。灵长类行为学研究的主要内容包括种群动态、繁殖行为、通讯行为和社会行为。早期，学者对人工饲养的黑冠长臂猿和白眉长臂猿的繁殖行为进行了研究，发现其交配时间、环境、方式、发起者和持续时间等都有差异（郑荣洽，1988，1989；杨梅，1998；潘阳，2000）。云南黑冠长臂猿的鸣叫一般在上午，且成功配对的黑冠长臂猿会进行二重唱，不再单独鸣叫（蒋学龙和王应祥，1997）。进入21世纪，学者开始对野外白眉长臂猿、饲养的白颊长臂猿和黄颊长臂猿的交配行为进行研究，并且比较了白眉长臂猿野外和室内交配的差异（Huang et al.，2010；张可晶，2013；卜海侠和孙伟东，2019）。社会行为也是行为学研究中的重要内容，有研究表明，白颊长臂猿自然育幼比人工育幼更利于社群间的交流和减少刻板行为的形成（梁作敏和赵玲玲，2014），而且环境丰容与食物丰容相结合可明显矫正其异常行为，激发社群间的正常行为（陈霖等，2014；徐国正，2017）。人工饲养和野生的黄颊长臂猿的行为非常类似，其行为具有季节性的活动节律（张藐等，2019）。笼养白颊长臂猿与野外白颊长臂猿相比，休息行为所占比例差异显著，以及在动物园展出区（喧闹）和繁殖区（安静）的社会行为差异显著（李宏兵等，2020）。海南长臂猿的行为学研究从2002年开始，主要聚焦在繁殖行为、家群相遇行为和鸣叫行为（Zhou et al.，2005，2008；周江，2008；周江等，2008；李萍等，2021）。

（一）繁殖行为

繁殖行为（reproductive behavior）通常指配偶形成，并通过两性交配活动诞生下一代的一系列行为模式，包括识别、占有空间、求偶、交配、对后代的哺育等诸多复杂行为，不同物种间的繁殖行为存在很大差异。海南长臂猿的性成熟时间与黑冠长臂猿（郑荣洽，1989）和白颊长臂猿（傅建平等，2018）相似，一般7～8岁开始性成熟，2～3年产一胎（Zhou et al.，2008）。人工饲养或野外白眉长臂猿（杨梅，1998；Huang et al.，2010）及人工饲养黑冠长臂猿（郑荣洽，1988）、白颊长臂猿（姚琳和毕延台，2015）、黄颊长臂猿（卜海侠等，2019）的交配行为一般都发生在上午，且持续时间较短（5～15秒）。它们的交配行为，一般由雌性发起，在安静和隐蔽环境中发生。海南长臂猿的交配行为中，雌雄个体没有明显的等级之分，交配也由雌性发起，一般雌性先向雄性展示自己的身体，然后以一种奇特的动作和节奏靠近雄性，并多次重复此项动作，最后雄性以爬跨式完成交配（晏学飞和李玉春，2007）；每次交配持续时间很短，交配次数为1～9次；孕期一般为173天；幼猿一般1.5岁离开母猿独立活动后，雌性才会生下一胎（Zhou et al.，2005；周江，2008）。李萍等（2021）发现午休结束后，C群1只雌性海南长臂猿抱着幼仔与成年雄性交配，并做出类似霹雳舞中机器人的典型发情动作，同时雌性海南长臂猿仍处于哺乳期，说明哺乳并不会限制雌性海南长臂猿的发情。最新研究发现，C群一只在怀孕期的雌性海南长臂猿（F2）在同一天向两只的成年雄猿（M1和M2）征求交配，并在不同的日期与这两只雄性中的每一只交配。这种交配系统变异性有助于解释海南长臂猿群体结构和繁殖策略（Li et al.，2022）。

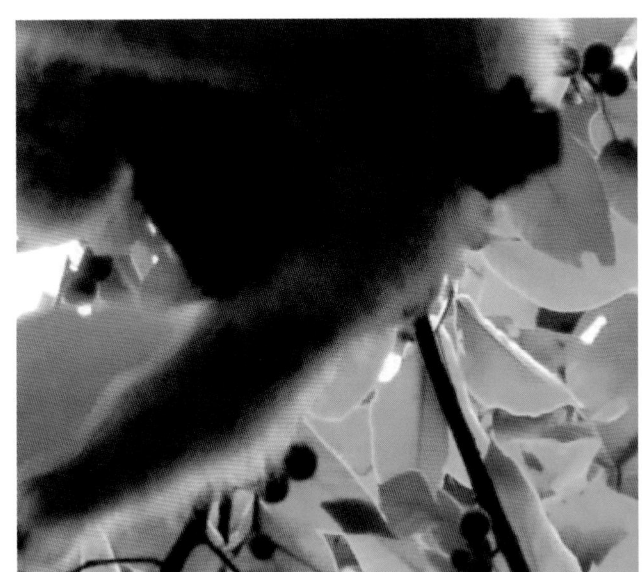

C群雌猿（F2）发情

（二）群间相遇行为

长臂猿的群间相遇行为属于一种社会行为，主要包括驱逐、追逐、采食、休息、鸣叫和理毛等。先前的研究表明，海南长臂猿通过理毛和玩耍行为促进感情交流和维持猿群家庭关系（晏学飞和李玉春，2007）。周江等（2008）对两群野生海南长臂猿的家族群相遇行为进行研究发现，海南长臂猿合群行为中只有鸣叫性相遇和竞争性相遇，并没有玩耍和理毛行为，与白掌长臂猿的群间相遇行为不一致（Bartlett，2003）；鸣叫性相遇时两个群体不互相靠近，而是鸣叫着退回自己的领域；竞争性相遇时，成年雄性发出短暂的叫声，并伴有追逐行为，未成年个体间也有追逐行为；成年个体起保护领地的作用，而未成年个体主要参与学习如何保护其领地（周江等，2008）。

（三）鸣叫行为

鸣叫行为是长臂猿典型且突出的行为特征，长臂猿间的鸣叫可用于对领地、食物和资源防御；也可用于吸引配偶，以及维持配对关系（陈建伟，2016）。长臂猿的鸣叫行为一般发生在清晨，在较高的树枝上鸣叫，一般持续10～30分钟；其鸣叫时间会根据光照强度、天气及食物等因素提前或者推迟；鸣叫模式包括雌雄个体鸣叫重叠、雄性独唱、雌性独唱、二重唱（雌性引导的二重唱和雄性引导的二重唱）；不同长臂猿鸣叫模式和持续时长会有差异，这可以作为区分不同长臂猿的依据之一（彭超等，2013；陈建伟，2016；杨丽婷等，2021）。长臂猿的鸣叫模式和持续时长因物种而异，所有成年个体都能发出连续的、复杂的、嘹亮的而结构稳定的鸣叫声（Geissmann，2002a），一般频率范围为200～5000赫兹（Geissmann，1993）。黑冠长臂猿和白眉长臂猿的鸣叫行为已经有了详细的研究报道，除与其他长臂猿类似的鸣叫行为外，黑冠长臂猿的鸣叫随着季节变化和白眉长臂猿的鸣叫在年间有差异（蒋学龙和王应祥，1997；范朋飞等，2010a，2010b；费汉榄等，2010；张岛等，2011；冯军娟等，2013；彭超等，2013；代云川等，2016；吴建普等，2016；李兴康等，2021a）。

海南长臂猿的鸣叫行为与其他长臂猿有类似之处，也有不同之处。海南长臂猿的鸣叫行为一般发生在黎明后4小时内，一天中鸣叫次数为1～4次不等，鸣叫时间3～30分钟不等（吴巍，2007；Deng et al.，2014）；若两个家庭群活动范围过于靠近，鸣叫次数就会增多和延长（晏学飞和李玉春，2007）。在雨天，海南长臂猿一般会延后鸣叫或者直接不鸣叫（Ferrer-i-Cancho et al.，2013）；有风时，一般缩短鸣叫时间，而不会减少鸣叫次数，可能为了减少体能消耗（Coudrat et al.，2015）。海南长臂猿群体间鸣叫的声谱频率相似，但持续时间存在显著差异，雌雄鸣叫声音频率都比较低，一般不超过2000赫兹；群体合唱时没有雄猿的大叫声，但由成年雄猿发起并占主导地位。海南长臂猿雄猿鸣叫主要由1～3个短音节和1～5个长音节组成，其中，雄性独猿的鸣叫没有短音节和单音节，只有简单的调频音节。成年雄猿的鸣叫声是所有长臂猿中最简单的，其鸣叫的声音结构有可能反映了长臂猿鸣叫最原始的特征（晏学飞和李玉春，2007；Deng et al.，2014）。研究表明，海南长臂猿面对不同的威胁会发出同样的警报，只是一种相对简单的参考系统，仅仅告知危险的来临而不是区分不同的威胁（Deng et al.，2014，2016）。

六、海南长臂猿智能化监测研究

长臂猿科在中国分布有3属共7种，野外种群数量极度匮乏，是我国近百年来分布区变化最明显、灭绝速度最快的灵长类类群（周运辉和张鹏，2013；Fan，2016）。物种监测有利于评估物种种群分布、群体组成、栖息地状况，以及其他突发事件，可预测种群动态变化和提供良好的保护管理对策，是开展物种保护和管理的基础。长臂猿物种监测对我国濒危物种的保护具有重大的意义（范朋飞，2012；Huang et al.，2013；Fan，2016）。21世纪初期，我国长臂猿的监测工作就已经开始，监测工作从最直接、最有效的鸣声监测开始，最后再结合习惯化工作和物候监测及当地的环境特征进行系统监测，西黑冠长臂猿、东黑冠长臂猿、海南长臂猿和东白眉长臂猿的监测已经有了详细的研究报道，但仍难保持数据全面和监测的持续性，也没有对保护区以外的长臂猿进行监测（管振华等，2017）。最近，研究者通过物联网技术和无线传感网技术与物联网嵌入式技术及被动声学监测系统，对西黑冠长臂猿进行监测，发现获得的数据既全面又准确，可长期监测和减小监测成本（焦良玉等，2018；房祥玲等，2020；钟恩主等，2021）。

海南长臂猿是我国特有的长臂猿，目前有6群37只，属于极小种群，仅分布于海南热带雨林国家公园霸王岭片区。Zhang等（2010）通过3S技术分析年海南长臂猿栖息地的变化（1991—2008年），结果显示17年间其栖息地减少了35%。自2003年嘉道理农场暨植物园召开的首届海南长臂猿保护行动研讨会起，海南长臂猿的监测工作全面展开了。2003年，Zhou等（2005）对霸王岭保护区的海南长臂猿进行种群监测，当时的种群数量为2群13只。2007年，海南长臂猿数量为2群20只（Fellowes et al.，2008；周江等，2008）。研究者利用全球定位系统（GPS）技术，可精确估算海南长臂猿的实际利用栖息地的面积和评估其栖息地质量，结果表明海南长臂猿栖息地的海拔高度为780～1250米，A群和B群的家域有37%的重叠（Fellowes et al.，2008；周江等，2009）。2011年9月，海南长臂猿新组建了一个家庭群，共有3群23只（周一妍，2013）。此后，学者对海南长臂猿持续监测，海南长臂猿数量稳步增长。2022年年初，海南长臂猿种群数量为5群36只（核桃苗，2021；李梦瑶，2021）。随着科学技术的发展，借助无人机可探明海南长臂猿的数量及生活习性，研究发现无人机和红外线成像仪相结合，并将监测温度设定在27～31摄氏度所观测到的结果与人工监测结果一致（张辉，2021）。2022年，通过5G网络技术布设红外自动触发照相机对海南长臂猿进行隐蔽拍摄，能够查清海南长臂猿生态、繁衍的主要生态因子，以及栖息地的动态变化，极大地提高了工作效率和减轻了工作强度（陈耀亮，2022）；通过4G红外相机首次在林冠层自动监测和实时回传海南长臂猿活动场景，更好地记录其生活特性，为海南长臂猿的保护管理提供依据（李萍，2022）。

红外相机监测

七、海南长臂猿的保护管理

近百年来，我国长臂猿的分布区和种群数量发生了明显的变化，其种群数量和分布面积退缩的主要原因是栖息地的破坏、人类活动、栖息地片段化造成的遗传基因交流受阻及近亲繁殖，从而导致繁殖能力受限。同时，由于监测技术的限制，不能全面持续地监测长臂猿的活动和栖息地，给长臂猿的保护管理增加了难度。我国分布的7种长臂猿都处于濒危状态，鉴于目前的严峻情况，长臂猿的保护刻不容缓。目前，长臂猿保护的手段主要包括科普宣传、严格执法和科学研究（刘长铭，2006；范朋飞，2012）。

生态廊道

海南长臂猿是全球稀有物种，是我国目前尚未圈养的灵长类动物，其种群数量在稳步增长，保护管理需求极大，建立生态廊道、加强海南长臂猿的监测和科学研究力度等有助于海南长臂猿的保护（周亚东和张剑锋，2003）。自1997年以来，海南长臂猿仅分布在海南霸王岭国家级自然保护区。谢屹等（2009）系统回顾霸王岭国家级自然保护区及其管理机构发展历程，发现保护、科研、宣教和社区管理虽然有不错的成效，但仍存在管理机构缺乏独立性、执法和管护力量不足、软硬件管理能力薄弱等问题。自2003年起，海南长臂猿的数量呈现稳定增长态势，但食物资源匮乏和适宜栖息地减少，严重制约着海南长臂猿种群的恢复和发展。若想让海南长臂猿摆脱灭绝的风险，必须为它们营造适宜的栖息地和提高食物的质量。2014年，国际灵长类动物研究专家考虑影响海南长臂猿的多种因素之后，认为由于栖息空间的限制，任何突发性事件都会导致其灭绝，急需为它们找到合适的森林资源和足够的栖息空间。

Chan等（2020）为海南长臂猿建造了第一座天蓬桥，以连接生活在支离破碎森林中的野生长臂猿的森林间隙；相较于天然森林走廊的恢复，人工树冠桥可以作为短期解决方案。通过比较分析法，将观察到的海南长臂猿行为和生态特征置于长臂猿全科变异的背景下，能够确定这种极度濒危物种的预期自然种群参数，以及长臂猿科关键种群特征变异的更广泛相关性，这对海南长臂猿保护规划有重大意义（Bryant et al.，2015）。尽管海南长臂猿对空间要求相对较大，但通过重新评估它们的空间生态学发现，新估值小于以前用于解释该物种有限恢复的估计值，这表明栖息地可利用性在限制种群增长方面可能不太重要。因此其他生态、遗传和/或人为因素更有可能限制海南长臂猿的恢复（Bryant et al.，2017）。这样看来，海南长臂猿的保护应集中在管理和研究方面。除此之外，海南长臂猿的保护必须考虑该物种当前超低的遗传多样性，特别是对于可能的种群恢复的预期（Bryant et al.，2016）。龙文兴等（2021）阐述海南热带雨林国家公园试点能够立足保护和修复海南热带雨林生态系统，充分考虑海南长臂猿等重要物种保护和繁衍的需要，打造了国际科研合作平台和海南长臂猿联合攻关新机制，为海南长臂猿的长期保护管理奠定基调。就整体保护来说，建立短期和长期保护目标，短期以就地保护为主，以恢复现生栖息地低地雨林为主要措施（黄亮，2021）；中长期则着重于通过建立生态廊道连接海南中部山区各个保护区，鹦哥岭、五指山和吊罗山等原来曾有过海南长臂猿分布的地区，通过生态走廊的建设，将各保护区连接成片，建立起涵盖海南各种自然环境特点的保护区体系（陈辈乐等，2021）。由于栖息地丧失和狩猎，海南长臂猿面临着高灭绝风险，确定的优先保护行动之一是建立人工树冠走廊以重新连接支离破碎的森林。

灵长类行为学研究的主要内容包括种群动态、繁殖行为、通讯行为和社会行为等。本部分结合海南长臂猿的生活史，主要内容包括个体单独行为、社会行为、运动行为、通讯行为、亲密行为、繁殖行为、社群行为。

第二部分

海南长臂猿的行为特性

Behavioral characteristics of *Nomascus hainanus*

个体单独行为

INDIVIDUAL SOLITARY BEHAVIOR

个体单独行为，通常是个体独立进行的，海南长臂猿的个体单独行为主要表现在觅食、玩耍、理毛和休息的过程中，包括单独觅食、非社会性玩耍、自我理毛和单独休息。

01 单独觅食 Solitary foraging

行为描述： 单个个体借助上肢或下肢将食物放入口中或直接用嘴摄取食物，所取食物为熟果实、嫩叶、嫩芽。

行为特点： 个体单独觅食。

行为意义： 补充能量和营养，有利于个体的生长发育和个体觅食行为的发育。

02 非社会性玩耍 Play alone

行为描述： 非社会性玩耍包括运动性玩耍、物品玩耍。运动性玩耍是指个体独自进行快速、剧烈的身体活动，如奔跑、翻筋斗。物品玩耍是指个体独自反复操作环境中的某一物品，表现为玩树枝、树叶、绳索等。

行为特点： 行为主要发生在个体自身上，其作用可能和增强体质有关。

行为意义： 有利于个体的发育。

03 自我理毛 Autogrooming

行为描述：用上肢、下肢或嘴梳理自己身体部位，以及对毛发和皮肤上的小颗粒、代谢物、皮肤寄生物进行清理。

行为特点：自我理毛主要表现在个体对其自身身体表面（毛皮、皮肤或毛发）各种形式的照看和关注，包括对身体表面有条理的梳理，有时也用舌头舔毛发和皮肤；同时还通过观察或接触对身体表面的一个或多个位点的近距离探查。

行为意义：清理自身，消磨时间，吸引其他个体。

04 单独休息 Rest alone

行为描述：单个个体身体基本不动，无明显移动，包括不活动的躺、吊、坐等姿势。

行为特点：静止或悬挂在树枝上休息。

行为意义：补充体力，单独休息有利于其他活动的开展。

社会行为

SOCIAL BEHAVIOR

社会行为是群体中不同成员分工合作，共同维持群体生活的行为。群居在一起的动物，相互影响、相互作用的种种表现形式。通常是指动物与其社会相关联的行为动物对其他的同种个体所表现的行为。

海南长臂猿的社会行为主要表现在觅食、玩耍和理毛的过程中，包括集体觅食、社会性玩耍、相互理毛和群聚休息。

05 集体觅食 Troop foraging

行为描述： 两个或两个以上个体聚在一起，个体借助上肢或下肢将食物放入口中或直接用嘴摄取食物，所取食物为熟果实、嫩叶、嫩芽。

行为特点： 两个或两个以上个体觅食。

行为意义： 补充能量和营养，有利于个体的生长发育，以及群体之间共同获取食物资源；若个体间存在食物交换、共享行为，则可以促进群体间的交流，有助于社群稳定和群体觅食行为的发育。

06 社会性玩耍 Social play

行为描述： 社会性玩耍包括打斗式玩耍和拥抱玩耍。打斗式玩耍是指两个或两个以上个体发生相互咬斗、扭打等。拥抱玩耍是指两个个体腹部相对，双手紧抓对方背部毛发或两肋，头部倚在对方肩上或手臂上，脸部表情松弛。

行为特点： 行为主要发生在年龄相近的兄弟姐妹之间，其作用可能与等级建立、感情交流和增强体质有关。

行为意义： 有利于增加群内个体的友好关系，促进个体社会性的成熟，构建稳定的关系网络，增加获得生存资源的机会。海南长臂猿通过玩耍行为促进感情交流和维持猿群家庭关系。

07 相互理毛 Allogrooming

行为描述： 用上肢、下肢或嘴梳理对方身体部位，以及对毛发和皮肤上的小颗粒、代谢物、皮肤寄生物进行清理。

行为特点： 相互理毛主要表现在个体之间对对方身体表面（毛皮、皮肤或毛发）各种形式的照看和关注，包括对身体表面有条理的梳理，有时也用舌头舔毛发和皮肤；通过观察或接触对身体表面的一个或多个位点进行近距离探查。相互理毛行为的发生并不是随机的，而是有一定目的性的，受亲缘关系、性别、年龄、统治地位、繁殖状况等因素影响。

行为意义： 海南长臂猿通过理毛行为促进感情交流和维持猿群家庭关系，有助于雌猿和雄猿配对成功。

08 群聚休息 Troop rest

行为描述：两个或两个以上个体身体基本不动，无明显移动，包括不活动的躺、吊、坐等姿势。

行为特点：两个或两个以上个体静止或悬挂在树枝上休息，或紧挨着其他个体而坐。

行为意义：补充体力，有利于其他活动的开展。

运动行为

LOCOMOTION BEHAVIOR

运动行为是指身体有明显空间位移，包括行走、跑动、追逐、荡走、攀爬等。运动有利于取食和避敌，适应复杂多变的环境。

海南长臂猿喜欢高树，运动是长臂猿一天生活中的主要内容。保护区内各类型植被分布的单位面积颇为悬殊，雨林要比非雨林高出一倍，因此善攀缘的长臂猿总爱在高树的沟谷雨林和山地雨林中。在猿群栖息的领域内，每天有一定的活动区域和往来路线。其范围与食物、季节有关，且有在小区域内数日一轮转的现象和寒冷时爱在背风暖和的山谷，炎热时爱在空气流畅的林缘活动的规律。它们多在陡壁山坳处的树上径直往来，行动极其敏捷。在日常观察时，若正好处于猿群的过往路径，它们抑或回头，抑或冲窜而过，虽左右有大片森林，但不轻易更换移动路线。它们急逃时多向下跑，很少上窜，身影瞬息即逝。

09 游走 Ranging

行为描述： 游走是长臂猿日常活动的重要组成部分，休息、移动、觅食和社会行为在游走过程中交替出现。

行为特点： 受食性、食物资源数量和分布、栖息地品质、社群大小的影响。

行为意义： 取食利益与捕食风险的权衡。

10 臂形式行走 Brachiation

行为描述：长臂猿在树冠层移动时，上肢交叉握住树枝，摆动身体前进。

行为特点：长臂猿在树上鱼贯穿行，成年雄性在前，雌性继之，子女尾随，单线前进。

行为意义：强健上肢，有利于在树冠层和绳索间穿行。

11 跳跃 Leaping

行为描述：下肢以树木等着力点向上或向前运动。

行为特点：跳跃速度较快，跳跃距离较远。

行为意义：增加活动范围，有利于找到更适合的生存空间，能够快速找到较多的食物和配偶，也有利于快速躲避敌害。

12 追逐 Chasing

行为描述：群体间一个奔跑，一个追逐，并用上肢进行打闹的行为。

行为特点：具有目的性，可认为是玩耍行为的一部分。

行为意义：增强个体和群体之间的交流，有利于社群稳定。

13 攀爬 Climbing

行为描述：四肢以树木等着力点上下运动已达到树冠层的一处。

行为特点：具有主动性和目的性。

行为意义：有助于获取食物资源和达到既定的空间位置。

通讯行为

COMMUNICATION BEHAVIOR

通讯行为是指长臂猿个体之间的信息传递和交流。这些信息包括特定的姿态、动作、声音和化学物质，主要表现在将一个长臂猿个体或者多个个体的生理状态传递给另一个个体或者更多个体，并引起后者做出适当的反应。长臂猿最常见的通讯行为主要包括鸣叫，能够识别物种、种群、社会等级、求偶、报警、喂食，协调群体活动以增加存活的机会。

鸣叫 / CALLING

长臂猿个体或群体鸣叫间断不超过10分钟的鸣叫称一次鸣叫。由一个长臂猿发起，其他长臂猿进行呼应，发出持续性高声颤音的行为。长臂猿类群特有的声讯行为，一般由成年雄性发出引唱，然后成年雌性伴以带有颤音共鸣及群体中亚成体单调的配合。海南长臂猿鸣叫模式主要包括雄性独唱、雌性独唱、二重唱和合唱。其功能包括防御领域和资源、防御和吸引配偶、强化配对关系、凝聚群体、调节种群间关系等，通常天气状况对鸣叫的影响较大。

海南长臂猿的鸣叫行为一般发生在黎明4小时内，一天中鸣叫次数在1~6次不等，鸣叫时间为3~30分钟；若两个家庭群活动范围过于靠近，鸣叫次数就会增多和延长。在雨天，海南长臂猿一般会延后鸣叫或者直接不鸣叫，有风时它一般缩短鸣叫时间，而不会减少鸣叫次数，可能是为了减少体能消耗。海南长臂猿群体间鸣叫的声谱频率相似，但持续时间存在显著差异，雌雄鸣叫声音频率都比较低，不超过2000赫兹；群体合唱时没有雄猿的大叫声，且由成年雄猿发起并占主导地位。海南长臂猿雄猿鸣叫主要由1~3个短音节和1~5个长音节组成，其中雄性独猿的鸣叫没有短音节和单音节，只有简单的调频音节。成年雄猿的鸣叫声是所有长臂猿最简单的，其鸣叫的声音结构有可能反映了长臂猿鸣叫最原始的特征。

14 雌性独唱 Female solo

行为描述： 雌性单独发出的鸣叫。

行为特点： 雌性长臂猿一般只会发出一种固定而刻板的鸣叫。

行为意义： 保护领域、资源、食物，以及吸引配偶。

15 雄性独唱 Male solo

行为描述： 雄性单独发出的鸣叫。

行为特点： 雄性的鸣叫声一般由起始音、简单的重复音节、调节前音节和调节音句组成。

行为意义： 保护领域、资源、食物，以及吸引配偶。

16 二重唱 Duet

行为描述：两个个体以相同的发声法或发声模式共同发出叫声。一次鸣叫中由配对的雌雄两性相互配合发出的嘹亮的鸣叫声，包含多个雄性鸣叫序列和多个激动鸣叫序列。

行为特点：典型的二重唱通常由成年雄性发起，且占主导地位。如果雄性发起鸣叫，雌性与之发出叫声配合默契，则反映出其配对的稳定性。二重唱是向同种的其他个体传播鸣叫个体已经配对的信息。因此，降低了配对个体对异性的吸引力。

行为意义：防御配偶，增强个体和群体间的交流，有利于维持稳定的社群关系。

17 合唱 Chorus

行为描述：由多个个体鸣叫，回合临时交替在一个连续时间内，这个时间通常超越了所有参加个体的鸣叫时间。

行为特点：合唱往往与家群的警戒和防御有关。合唱往往在家群与独猿距离较近时发生，且持续时间最长。通常由家群最先鸣叫，独猿随后加入形成合唱。

行为意义：防御领域和资源，防御和吸引配偶，强化配对关系，凝聚群体，调节种群关系等。

亲密行为

INTIMATE BEHAVIOR

亲密行为是长臂猿的重要社会行为，主要包括拥抱、跟随、挨坐和近距等，以及个体间的抚摸和亲吻等行为。主要表现在高等级个体对低等级个体在食物来源上的容忍度的提高。低等级个体会对高等级个体发起亲密行为，以获得其在食物获取时的容忍性。亲密行为能够增强社群凝聚力、缓和社群生存压力。

18 拥抱 Hug

行为描述： 两只或两只以上的个体身体接触，下身保持不动，两上臂以上部位相交并伸展至对方肩上或背后的拥抱动作。

行为特点： 拥抱行为既能发生在同性之间，也能发生在异性之间。拥抱有时可防止冲突升级。

行为意义： 能够增进个体之间的感情，让家庭群建立紧密的联系。

19 靠近 Approach

行为描述： 当两只或两只以上长臂猿眼神交流友好时，选择可视面积较大的区域，让它们能够充分靠近，培养感情。

行为特点： 可发生在同性之间，也可发生在异性之间。

行为意义： 增强个体间的交流，维持猿群家庭关系，有助于雌猿和雄猿配对成功。

繁殖行为

REPRODUCTIVE BEHAVIOR

繁殖行为通常指配偶形成，并通过两性交配活动诞生下一代的一系列行为模式，包括识别、占有空间、求偶、交配、对后代的哺育等诸多复杂行为。不同物种间的繁殖行为存在很大差异。

20 交配 Mating

行为描述： 交配是繁殖行为的一个重要组成部分，雌雄个体之间性器官相互接触。具体表现为雌猿抖动身体，然后雄猿靠近，接着相互靠近、理毛，最后以爬跨式的方式完成交配。

行为特点： 社会结构中，成年雌雄个体的等级地位没有明显等级，交配由雌猿主动发起。雌猿先向雄猿展示自己的身体，然后以一种奇特的动作和节奏靠近雄猿，并多次重复这种动作，最后雄猿以爬跨式的动作完成交配。

行为意义： 增强个体之间的情感，有利于社群关系的建立，有利于物种延续，增强种群的生产力。

21 抱仔交配 Mating with cubs

行为描述： 雌猿怀抱幼猿发出类似霹雳舞中机器人的典型发情动作，并伴随一个极短的全身抖动。雄猿靠近雌猿，雌猿抓住雄猿的脚，为其理毛，并向雄性呈臀，然后雄猿跳到另一棵树上，雌猿紧随其后，继而发生两次爬跨式交配行为。

行为特点： 哺乳并没有限制海南长臂猿雌性的发情。

行为意义： 抚育幼猿的同时，增强个体之间的情感，有利于社群关系的建立，有利于物种的延续。

22 抚育 Parenting

行为描述：雌猿和雄猿双亲为增加后代存活率所做的一系列行为动作的集合，主要包括哺乳、照看、抱仔、抚摸、修饰等。

行为特点：因雌猿亲本有为幼猿发育提供营养的乳汁，雌猿亲本更多参与此项工作；雄猿亲本和其他个体也不同程度上参与此项工作。

行为意义：可提高后代存活的概率，加深与亲代之间的关系，有助于社群的稳定。

23 弃仔 Offspring abandoning

行为描述：在野外条件下，可能会出现母猿带幼猿一段时间之后弃仔的现象。表现为母猿不让幼猿吃母乳，将幼猿悬挂于上肢或脚下，或抓着幼猿的一只上肢或脚，也有母猿会直接将幼猿丢弃不管。

行为特点：由于环境干扰或母性行为较差等造成，若家庭中的成员分离，很有可能造成母猿弃仔。

行为意义：子代脱离群体，不利于后代的存活和物种延续。

24 排泄 Excretion

行为描述：排泄是指将代谢废弃物排出体外的行为。

行为特点：排泄是长臂猿的本能，主要发生在白天的活动及取食后，一天内排泄时间分布不均匀。排泄行为包括排粪和排尿行为。

行为意义：有助于个体的生长发育和健康。

社群行为

GROUP BEHAVIOR

社群行为是指同种长臂猿间的集体合作行为。社群行为包括攻击、驱逐、打闹和进入夜宿地前行为等，有助于个体的发育和交流。

25 攻击 Attack

行为描述： 个体之间带有敌意的威胁追逐、冲撞、撕咬、打斗等行为。

行为特点： 有意识、故意的受动机支配的行为，其目的是为了争抢食物和地盘。常发生于有冲突时，一方做出威胁的姿势弹跳或猛冲过去，用上肢猛抓对方的毛发或伸手拍打对方的头部和身体其他部位。

行为意义： 领域防御，增加获得生存资源和繁殖的机会。

26 驱逐 Deportation

行为描述：一个个体或者多个个体驱赶、强迫同一群内或者不同群中个体离开自己的领域。

行为特点：驱逐具有排他性，一般通过恐吓、鸣叫等来实现。

行为意义：防御领域，保护自身生存的资源和栖息地。

27 打闹 Fake fighting

行为描述：指两个或两个以上个体进行咬斗、扭打等。

行为特点：行为主要发生在兄弟姐妹之间，打闹前发出“吱吱”的叫声。

行为意义：有利于增加群内个体的友好关系，构建稳定的关系网络，增加获得生存资源和繁殖的机会。

28 鸣叫性相遇 Vocal encounters

行为描述： 海南长臂猿两群体之间的距离为50～60米。一群成年的雄性个体先发出类似于晨鸣的那种叫声，紧接着就是两只成年雌性个体的合唱；随后是另一群成年雄性个体的鸣叫，然后是这个群体的两只成年雌性个体的合唱。

行为特点： 海南长臂猿相遇的持续时间一般为24～51分钟。鸣叫性相遇时，海南长臂猿群体并没有互相靠近，而是鸣叫着退回自己的领域，并且没有停止鸣叫行为。

行为意义： 对领域的保护，同时避免直接肢体冲突，降低伤害。而未成年个体则是通过参与这种追逐方式学习如何保护自己今后的领域。

29 竞争性相遇 Agonistic encounters

行为描述： 海南长臂猿两群体相遇时，两群体的成年雄性个体先发出短暂的鸣叫，成年雄性和未成年个体互相追逐，伴随着鸣叫；两群体的成年雌性和未成年个体在距离追逐地点的20米左右休息，并不参与追逐。追逐15～20分钟后，成年雄性和未成年个体停止追逐和鸣叫，成年雌性和未成年个体则开始向自己的领域移动。

行为特点： 海南长臂猿相遇的持续时间一般为24～51分钟。竞争性相遇时，成年雄性发出短暂“呼、呼”的叫声，并伴有追逐行为，未成年个体间有玩耍性追逐行为；追逐行为并不发生在成年雌性和未成年个体之间。更重要的是，追逐对象总是固定的，不会发生成年雄性追逐未成年个体的行为，或者是未成年个体追逐成年雄性个体的行为。追逐期间，成年雄性个体不会发生剧烈的撕咬行为，不同年龄和性别个体之间也不会有亲密行为。

行为意义： 成年雄性对其领域的保护，有肢体冲突，危险性高，可能会受到伤害。成年雌性主要协同雄性个体保护自己的领域，未成年个体主要学习这种协同行为。

30 进入夜宿地前行为 Nocturnal behavior

行为描述：海南长臂猿在晚上进入夜宿地的一系列活动，包括夜宿地点的选择、进出夜宿地的时间、睡眠时间、睡眠抱团等。

行为特点：受食物资源分布、身体舒适度、天气的影响，通常具有一定的节律性和季节性。

行为意义：躲避天敌的捕食、保持身体健康和处理个体的社会关系。

主要参考文献

白冰，周伟，艾怀森，等，2008. 高黎贡山大塘白眉长臂猿春季栖息地利用. 四川动物，27(4): 626-630.

白冰，周伟，张庆，等，2011. 高黎贡山大塘白眉长臂猿春季栖息地利用及与赧亢的比较. 四川动物，30(1): 25-30.

卜海侠，孙伟东，2019. 黄颊长臂猿配对选择性研究. 特种经济动植物，22(11): 1-3.

卜海侠，孙伟东，赵玲玲，等，2019. 圈养黄颊长臂猿的繁殖行为研究. 特种经济动植物，22(12): 1-3+5.

陈辈乐，唐万玲，麦智锋，等，2021. 海南长臂猿绝处逢生的“雨林瑰宝”. 森林与人类(10): 70-77.

陈建伟. 2016. 长臂猿：高等灵长类的秘密. 森林与人类(7): 67-69.

陈霖，唐耀，吴阿妹，等，2014. 人工育幼白颊长臂猿的行为矫正一例. 野生动物学报，35(4): 465-469.

陈蓉，吕冉，程家求，等，2020. 南京地区圈养黄颊长臂猿核心种群的遗传多样性分析. 野生动物学报，41(1): 42-46.

陈升华，杨世彬，许涵，等，2009a. 海南长臂猿栖息地森林群落组成结构与多样性分析. 广西林业科学，38(4): 207-212.

陈升华，杨世彬，许涵，等，2009b. 海南长臂猿的猿食植物及主要种群的结构特征. 广东林业科技，25(6): 45-51.

陈耀亮，2022. 基于5G网络在保护珍稀动物长臂猿中的应用. 数字技术与应用，40(2): 29-31.

陈永富，2001. 中国海南岛热带天然林可持续经营. 北京：中国科学技术出版社：234-245.

代云川，王智斌，徐永春，等，2016. 白眉长臂猿：穿越密林的鸣叫. 森林与人类(7): 59-63+58.

邓怀庆，周江，2015. 海南长臂猿研究现状. 四川动物，34: 635-640.

杜瑞鹏，王静，张志东，等，2022. 基于果实类型的海南长臂猿食用树种适宜性分布预测. 生态学杂志，41(1): 142-149.

范南虹，2011. 海南长臂猿又添一丁. 海南日报，2011-03-17(A01).

范南虹，杨世彬，2010. 海南长臂猿调查结束. 海南日报，2010-01-16(A02).

范朋飞. 2012. 中国长臂猿科动物的分类和保护现状. 兽类学报，32: 248-258.

范朋飞，黄蓓，管政华，等，2010a. 西黑冠长臂猿雄性取代前后鸣叫行为的变化. 兽类学报，30(2): 139-143.

范朋飞，黄蓓，蒋学龙，2008. 云南无量山黑长臂猿对植物种子的传播作用. 兽类学报，3: 232-236.

范朋飞，蒋学龙，2007. 无量山大寨子黑长臂猿(*Nomascus concolor jingdongensis*)种群生存力. 生态学报，27(2): 620-626.

范朋飞，蒋学龙，刘长铭，等，2010b. 无量山西黑冠长臂猿二重唱的声谱结构和时间特征. 动物学研究，31(3): 293-302.

房祥玲，周兴策，钟恩主，等，2020. 基于物联网技术的野生动物生态学监测：以大紫胸鹦鹉和西黑冠长臂猿为例. 安徽大学学报(自然科学版)，44(3): 100-108.

费汉榄，范朋飞，向左甫，等，2010. 东黑冠长臂猿鸣叫特征及气象因子对鸣叫的影响. 兽类学报，30(4): 377-383.

冯军娟，马长勇，费汉榄，等，2013. 东黑冠长臂猿鸣叫声谱分析. 兽类学报，33(3): 203-214.

傅建平，金晓军，汪春妹，2018. 白颊长臂猿的饲养与繁殖. 上海畜牧兽医通讯(6): 58-59.

高耀亭，文焕然，何业恒，1981. 历史时期我国长臂猿分布的变迁. 动物学研究，2(1): 1-8.

管振华，阎璐，黄蓓，2017. 中国长臂猿科动物种群监测现状分析. 四川动物，36(2): 232-238.

韩玲，2019. 海南长臂猿种群遗传多样性研究. 贵阳：贵州师范大学.

何业恒，1988. 长臂猿在湖南分布的变迁. 吉首大学学报(自然科学版)(2): 32-34.

核桃苗，2021. 过去27年，我们可能阻止了28个物种的灭绝(下). 中国科技教育(1): 70-71.

胡玉佳，丁小球，2000. 海南岛霸王岭热带天然林植物物种多样性研究. 生物多样性，8(4): 370-377.

扈宇，陈建伟，冯江，2016. 白颊长臂猿：西双版纳的社群活动. 森林与人类(7): 55-57+54.

黄承标，覃明胜，谭武靖，等，2012. 广西邦亮东黑冠长臂猿栖息地的气候资源分析. 环境科学与管理，37(5): 152-155.

黄亮, 2021. 海南长臂猿：热带雨林中的精灵. 今日海南(10): 27.

蒋学龙, 马世来, 王应祥, 等, 1994. 黑长臂猿(*Hylobates concolor*)的配偶制及其与行为、生态和进化的关系. 人类学学报, 13(4): 344–352.

蒋学龙, 王应祥, 1997. 黑长臂猿(*Hylobates concolor*)鸣叫行为研究. 人类学学报, 16(4): 40–48.

焦良玉, 周兴策, 钟恩主, 等, 2018. 基于物联网的西黑冠长臂猿生态监测系统. 南方农机, 49(14): 124–125.

李宏兵, 徐迅, 杨君, 等, 2020. 不同环境对圈养白颊长臂猿行为的影响. 畜牧兽医杂志, 39(5): 74–77.

李茂盛, 胡灿坤, 2003. 浅议云南长臂猿栖息地的保护与恢复. 林业调查规划, 28(2): 91–94.

李梦瑶, 2021. 喜闻猿声啼不住. 海南日报, 2021–09–06(B02).

李明, 陈建伟, 2021. 长臂猿保护极其不易, 种群正在恢复. 森林与人类(9): 90–91.

李明会, 吴建普, 周伟, 等, 2015. 高黎贡山赧亢东白眉长臂猿春秋季日能量获取研究. 林业调查规划, 40(1): 27–32+36.

李明会, 周伟, 李柳, 等, 2016. 高黎贡山赧亢东白眉长臂猿活动区秋季潜在可选果实食物研究. 林业调查规划, 41(6): 115–120.

李宁, 乔璐, 王倩倩, 等, 2021. 高黎贡山天行长臂猿的果实性食物组成及种子传播潜力. 生态学杂志, 40(8): 2460–2466.

李萍, 2022. 海南长臂猿: 林冠层的智慧监测. 森林与人类(3): 114–119.

李萍, 毕玉, 冯慧敏, 等, 2021. 海南长臂猿的抱仔交配行为. 动物学杂志, 56(3): 392+416.

李兴康, 钟恩主, 崔春艳, 等, 2021a. 西黑冠长臂猿滇西亚种鸣叫行为监测. 广西师范大学学报(自然科学版), 39(1): 29–37.

李兴康, 钟旭凯, 韦绍干, 等, 2021b. 群体大小和觅食环境变化对东黑冠长臂猿日移动距离的影响. 兽类学报, 41(4): 388–397.

李旭, 邓忠坚, 周伟, 等, 2011. 高黎贡山赧亢白眉长臂猿春秋季活动范围变化. 华南师范大学学报(自然科学版)(2): 108–112.

李旭, 吴建普, 周伟, 等, 2015. 高黎贡山赧亢东白眉长臂猿春秋季食谱及食物结构. 西南林业大学学报, 35(2): 84–89.

李永昌, 陆玉云, 2008. 哀牢山国家级自然保护区黑长臂猿栖息地森林群落结构研究. 林业调查规划, 33(4): 67–71.

李志刚, 魏辅文, 周江, 2010. 海南长臂猿线粒体D-loop区序列分析及种群复壮. 生物多样性, 18(5): 523–527.

梁作敏, 赵玲玲, 2014. 人工育幼与自然育幼白颊长臂猿的行为对比. 野生动物学报, 35(2): 154–156.

林家怡, 莫罗坚, 庄雪影, 等, 2006a. 海南黑冠长臂猿栖息地群落优势种及采食植物生态位特性. 华南农业大学学报, 27(4): 52–57.

林家怡, 莫罗坚, 庄雪影, 等, 2006b. 海南黑冠长臂猿主要摄食植物的区系分布多样性研究. 热带林业, 34(3): 20–24.

刘瑞清, 佴文惠, 陈玉泽, 等, 1996. 两种长臂猿染色体的C带和Ag-NORs的比较研究. 兽类学报, 16(3): 182–187.

刘瑞清, 施立明, 陈玉泽, 1987. 白眉长臂猿(*Hylobates hoolock leuconedys*)的染色体研究. 兽类学报, 7(1): 1–7.

刘咸, 1978. 海南长臂猿的重新发现及其学名的鉴定. 动物学杂志(4): 26–28.

刘晓明, 刘振河, 陈静, 等, 1995. 海南长臂猿(*H. concolor hainanus*)家域利用及季节变化的研究. 中山大学学报论丛, 3(3): 168–171.

刘赟, 2015. 海南长臂猿(*Nomascus hainanus*)可利用食物资源研究. 贵阳：贵州师范大学.

刘长铭, 2006. 无量山黑长臂猿保护现状及问题分析. 林业调查规划: 14–16.

刘振河, 覃朝锋, 1990. 海南长臂猿栖息地结构分析. 兽类学报, 10(3): 163–169.

刘振河, 余斯绵, 袁喜才, 1984. 海南长臂猿的资源现状. 野生动物(6): 1–4.

龙文兴, 杜彦君, 洪小江, 等, 2021. 海南热带雨林国家公园试点经验. 生物多样性, 29(3): 328–330.

陆玉云, 耿满, 2009. 哀牢山国家级自然保护区黑长臂猿生态评估. 林业建设(2): 51–54.

罗文寿, 赵仕远, 罗志强, 等, 2007. 云南哀牢山国家级自然保护区景东辖区黑长臂猿种群数量和分布. 四川动物, 26(3): 600–603.

马世来, 王应祥, 1986. 中国南部长臂猿的分类与分布：附三个新亚种的描记. 动物学研究, 7(4): 393–408.

马长勇, 费汉榄, 黄涛, 等, 2014. 邦亮东黑冠长臂猿日食性与活动节律的季节性变化. 兽类学报, 34(2): 105–114.

倪庆永,蒋学龙,王孝伟,等,2015. 西黑冠长臂猿隔离小种群栖息地植被特征与其食性及生境利用. 兽类学报,35(2): 119–129.

倪庆永,马世来,2006. 滇南、滇东南黑冠长臂猿分布与数量. 动物学研究,27(1): 34–40.

潘阳,2000. 笼养白眉长臂猿的繁殖初探. 四川动物,2(2): 88–89.

彭超,李奇,宋晴川,2013. 长臂猿的鸣叫行为研究进展. 安徽农业科学,41(21): 8918–8919+8922.

彭红元,张剑锋,江海声,等,2008. 海南岛海南长臂猿分布的变迁及成因. 四川动物,27(4): 671–675.

宋晓军,江海声,1999. 海南黑长臂猿数量调查//中国动物学会. 中国动物科学研究. 北京: 中国林业出版社: 146–154.

宋志勇,杨鸿培,杨正斌,等,2017. 西双版纳北白颊长臂猿种群现状及其保护对策. 西部林业科学,46(3): 18–22+27.

宿兵, Kressirer K M P, 王文,等,1996. 中国黑冠长臂猿的遗传多样性及其分子系统学研究: 非损伤取样DNA序列分析. 中国科学(C辑),26(5): 414–419.

孙国政,范朋飞,倪庆永,等,2007. 云南哀牢山平河黑长臂猿栖息地乔木结构分析. 动物学研究,28(4): 374–382.

孙伟东,陈蓉,傅兆水,2019. DNA条形码技术鉴定黄颊长臂猿与白颊长臂猿. 野生动物学报,40(3): 590–594.

唐玮璐,毕玉,金崑,2021. 海南热带雨林国家公园海南长臂猿食源植物组成. 野生动物学报,42(3): 675–685.

唐玮璐,金崑,2021. 海南热带雨林国家公园海南长臂猿夜宿生境选择初步研究. 北京林业大学学报,43(2): 113–126.

田长城,蒋学龙,彭华,等,2007. 云南中部无量山黑长臂猿(*Nomascus concolor jingdongensis*)栖息地乔木层物种多样性和结构特征. 生态学报,27(10): 4002–4010.

田长城,周守标,蒋学龙,2006. 黑长臂猿栖息地旱冬瓜和潺槁木姜子种群分布格局和动态. 应用生态学报,17(2): 167–170.

王应祥,蒋学龙,冯庆,2000. 黑长臂猿的分布、现状与保护. 人类学学报,19(2): 138–147.

吴建普,周伟,李明会,2016. 云南高黎贡山赧亢东白眉长臂猿的鸣叫及其行为. 西部林业科学,45(2): 129–134.

吴建普,周伟,周杰珑,等,2009. 高黎贡山赧亢白眉长臂猿食性及日取食量. 动物学研究,30(5): 539–544.

吴巍,2007. 海南黑冠长臂猿(*Nomascus* sp. cf. *nasutus hainanus*)保护生物学现状及保护对策. 上海: 华东师范大学.

肖宁,周江,2006. 雨林精灵: 海南黑冠长臂猿. 大自然(5): 32–34.

谢屹,杨世彬,温亚利,等,2009. 海南霸王岭国家级自然保护区管理现状及对策建议. 林业资源管理,3(3): 22–26.

徐国正,2017. 玩具丰容对福州市动物园圈养白颊长臂猿日常行为的影响. 福建畜牧兽医,39(5): 10–12+15.

徐龙辉,刘振河,1984. 霸王岭上猿啸鸣: 海南长臂猿保护区考察报告. 野生动物(4): 60–62.

徐龙辉,刘振河,余斯绵,1983. 海南岛的鸟兽(哺乳纲). 北京: 科学出版社.

严娟,周伟,李旭,等,2010. 高黎贡山赧亢森林资源利用与白眉长臂猿保护. 林业经济问题,30(3): 224–228+260.

晏学飞,李玉春,2007. 海南黑冠长臂猿的生存与研究现状. 生物学通报,42(12): 18–20.

杨丽婷,刘学聪,范鹏来,等,2021. 中国非人灵长类声音通讯研究进展. 广西师范大学学报(自然科学版),39(1): 1–9.

杨梅,1998. 白眉长臂猿在人工饲养条件下的交配行为. 野生动物(1): 33.

姚琳,毕延台,2015. 白颊长臂猿的饲养与繁殖. 当代畜牧,11: 38–39.

尹峰,梦梦,刘定震,等,2015. 我国非人灵长类野外生态学研究现状与展望. 林业资源管理(1): 1–6+12.

余定会,杨凤堂,刘瑞清,1997. 利用染色体涂染方法建立人和白眉长臂猿(*Hylobates hoolock*)的比较染色体图谱. 遗传学报,24(5): 417–423.

张岛,袁胜东,崔亮伟,等,2011. 云南高黎贡山大塘东部白眉长臂猿鸣叫行为. 四川动物,30(6): 856–860.

张辉,2021. 来自天空的守护: 无人机助力海南长臂猿智能化监测. 大自然(6): 34–37.

张可晶,2013. 白颊长臂猿发情与交配行为的观察. 特种经济动植物,16(11): 9.

张藐,孙杨,傅兆水,等,2019. 人工饲养黄颊长臂猿行为活动节律的季节性特征. 四川动物,38(3): 284–292.

张兴勇,白冰,艾怀森,等,2007. 云南高黎贡山自然保护区白眉长臂猿种群及数量现状初报. 四川动物,26(4): 856–858.

张兴勇，吴建普，周伟，等，2008a. 云南高黎贡山赧亢白眉长臂猿春季食谱及活动时间分配初探. 四川动物，27(2): 193–196+204.

张兴勇，周伟，吴建普，等，2008b. 高黎贡山赧亢白眉长臂猿春季食物选择. 动物学研究，29(2): 174–180.

张亚平，1997. 长臂猿的DNA序列进化及其系统发育研究. 遗传学报，24(3): 231–237.

赵启龙，黄蓓，郭光，等，2016. 云南临沧邦马山西黑冠长臂猿种群历史及现状. 四川动物，35(1): 1–8.

郑荣洽，1988. 黑长臂猿交配行为的初步观察. 动物学研究，9(2): 112.

郑荣洽，1989. 黑长臂猿月经周期的初步观察. 动物学研究，10(2): 154–162.

钟恩主，管振华，周兴策，等，2021. 被动声学监测技术在西黑冠长臂猿监测中的应用. 生物多样性，29(1): 109–117.

钟倩，江峡，王松，等，2021. 笼养白颊长臂猿幼体玩耍行为的性别–年龄差异. 野生动物学报，42(3): 686–692.

周江，2008. 海南黑冠长臂猿的生态学及行为特征. 吉林：东北师范大学.

周江，陈辈乐，魏辅文，2008. 海南长臂猿的家族群相遇行为观察. 动物学研究，29(6): 667–673.

周江，李小成，周照骊，等，2009. GIS技术在海南长臂猿保护中的运用. 贵州师范大学学报(自然科学版)，27(4): 22–29.

周亚东，张剑锋，2003. 海南长臂猿保护发展对策. 热带林业，31(2): 16–17.

周一妍，2013. 保卫海南长臂猿家园. 科学大观园，18: 60–61.

周运辉，张鹏，2013. 近五百年来长臂猿在中国的分布变迁. 兽类学报，33(3): 258–266.

BAI B, ZHOU W, ZHANG X Y, et al., 2011. Comparison of Habitat Use Between Spring and Autumn by Eastern Hoolock Gibbons (*Hoolock leuconedys*) in Gaoligong Mountain, China. Journal of Southwest Forestry University, 31: 65–73.

BARTLETT T Q, 2003. Intragroup and intergroup social interactions in white-handed gibbons. International Journal of Primatology, 24: 239–259.

BOUTTET R, 1942. Les Gibbons. Hanoi: Laboratoire des Sciences Naturelles de L' Universite Indoehinoise.

BRYANT J V, GOTTELLI D, ZENG X, et al., 2016. Assessing current genetic status of the Hainan gibbon using historical and demographic baselines: implications for conservation management of species of extreme rarity. Molecular Ecology, 25: 3540–3556.

BRYANT J V, OLSON V A, CHATTERJEE H J, et al., 2015. Identifying environmental versus phylogenetic correlates of behavioural ecology in gibbons: implications for conservation management of the world's rarest ape. BMC Evol Biol, 15: 171.

BRYANT J V, ZENG X, HONG X, et al. 2017. Spatiotemporal requirements of the Hainan gibbon: Does home range constrain recovery of the world's rarest ape? Am J Primatol, 79: 1–13.

CHAN B P L, LO Y F P, HONG X J, et al., 2020. First use of artificial canopy bridge by the world's most critically endangered primate the Hainan gibbon *Nomascus hainanus*. Sci Rep, 10: 15176.

CHIVERS D J, 1974. The Siamang in Malaya: a field study of a primate in tropical rainforest. Contrib Primatol, 4: 1–335.

CHIVERS D , 2001. The swinging singing simians: fighting for food and family in Far East Forests//Sodaro V, Sodaro C. The apes: challenges for the 21st century Chicago: Brookfield Zoo: 1–27.

COUDRAT C N Z, NANTHAVONG C, NGOPRASERT D, et al., 2015. Singing Patterns of White-Cheeked Gibbons (*Nomascus* sp.) in the Annamite Mountains of Laos. International Journal of Primatology, 36: 691–706.

DENG H, GAO K, ZHOU J, 2016. Non-specific alarm calls trigger mobbing behavior in Hainan gibbons (*Nomascus hainanus*). Sci Rep, 30: 34471.

DENG H, ZHOU J, YANG Y, 2014. Sound Spectrum Characteristics of Songs of Hainan Gibbon (*Nomascus hainanus*). International Journal of Primatology, 35: 547–556.

DU HALDE J B, 1735. A description of empire of China and Chinese Tartary togather with the kingdoms of Korea and Tibet. London: Edward Cave: 118.

ELLIOT D G, 1913. Review of Primates. Amer. Mus. Nat. Hist., 111: 149–175.

FAN P F, 2016. The past, present, and future of gibbons in China. Biological Conservation , 210: 29–39.

FELLOWES J R, CHAN B P L, ZHOU J, et al., 2008a. Current status of the Hainan gibbon (*Nomascus hainanus*) : progress of population monitoring and other priority actions. Asian Primates Journal, 1: 2–11.

FERRER–I–CANCHO R, HERNÁNDEZ–FERNÁNDEZ A , LUSSEAU D, et al., 2013. Compression as a universal principle of animal behavior. Cognitive Science, 37: 1565–1578.

FUENTES A, 2000. Hylobatid communities: changing views on pair bonding and social organization in hominoids. Yearbook of Physical Anthropology, 43: 33–60.

GEISSMANN T, 1993. Evolution of communication in gibbons (Hylobatidae) . Switzerland: Zürich University.

GEISSMANN T, 1995. Gibbon systematics and species identification. International Zoo News, 42: 467–501.

GEISSMANN T, 1997. New sounds from the crested gibbons (*Hylobates concolor*) group: first results of a systematic revision//ZISSLER, D. Verhandlungen der Deutschen Zoologischen Gesellschaft: Kurzpublikationen–short communications, 90. Jahresversammlung 1997 in Mainz Gustav Fischer, Stuttgart: 1.

GEISSMANN T, 2002a. Duet–splitting and the evolution of gibbon songs. Biological Reviews, 77: 57–76.

GEISSMANN T, 2002b. Taxonomy and evolution of gibbons//SOLIGO C, ANZENBERGER G, MARTIN R D. Anthropology and primatoloy into the third millennium: the centenary congress of the Zurch Anthropological Institute (evolutionary anthropology) . New York: Wiley–Liss: 11(S1) : 28–31.

GEISSMANN T, TRUNG L Q, HOANG T D, et al., 2003. Rarest ape species rediscovered in Vietnam. Asian Primates, 8: 8–9.

GROVES C P, 2001. Primate taxonomy. Washington & London: Smithsonian Institution Press.

GUO Y, CHANG J, HAN L, et al., 2020. The Genetic Status of the Critically Endangered Hainan Gibbon (*Nomascus hainanus*): A Species Moving Toward Extinction. Front Genet, 11: 608–633.

GUO Y, PENG D, HAN L, et al., 2021. Mitochondrial DNA control region sequencing of the critically endangered Hainan gibbon (*Nomascus hainanus*) reveals two female origins and extremely low genetic diversity. Mitochondrial DNA B Resour, 6: 1355–1359.

HARLAN, 1826. Simaconcolor Harlan. J. Acad. Nat. Sci. Phil, 5(4): 231.

HUANG B, GUAN Z, NI Q, et al., 2013. Observation of intra–group and extra–group copulation and reproductive characters in free ranging groups of western black crested gibbon (*Nomascus concolor jingdongensis*). Integrative Zoology, 8: 427–440.

HUANG X X, ZHOU W, AI H S, 2010. Mating behavior of Hoolock Gibbon (*Hoolock hoolock*) in the field: a case study at Mt. Gaoliang, Yunnan, China. Journal of southwest foresiry university, 30: 52–55.

JIANG H S, SONG X, ZHANG J, et al., 1999. The population dynamic of Hylobates concolor hainanus in Bawangling National Nature Reserve in Hainan Island. The Bawangling National Natule Reserve.

LA Q, TRINH D, 2004. Status review of the CaoVit black crested gibbon (*Nomascus nasutus nasutus*) in Vietuam//N T, S U, and Long H T. Conservation of primates in Vietnam. Hanoi: Frankfurt Zoological Society: 90–94.

LEIGHTON D. 1987. Gibbons: territoriality and monogamy//SMUTS B B, CHENEY D L, SEYFARTH RM, et al. Primate societies. Chicago: The University of Chicago Press: 135–145.

LI P, GARBER P A, BI Y, et al., 2022. Diverse grouping and mating strategies in the Critically Endangered Hainan gibbon (*Nomascus hainanus*). Primates, 63: 237–243.

LIU Z H, JIANG H S, ZHANG Y Z, et al., 1987. Field report on the Hainan gibbon. Primate Conserv, 8: 49–50.

LIU Z H, ZHANG Y Z, JIANG H S, 1989. Population structure of *Hytobates concolor* in Bawangling Nature Reserve, Hainan, China.

American Journal of Primatology, 19: 247–254.

MOOTNICK A R, 2006. Gibbon (Hylobatidae) Species Identification Recommended for Rescue or Breeding Centers. Primate Conservation, 21: 103–138.

POCOCK R I, 1905. Observation upon a female specimen of Hainan Gibbon (*Hylobates hainanus*) now living in the society's gardens. Proceedings of the Zoological Society of London: 169–180.

ROOS C, THANH V N, WALTER L, et al., 2007. Molecular systematics of Indochinese primates. Vietnamese Journal of Primatology, 1: 41–53.

SOMMER V, REICHARD U, 2000. Rethinking monogamy: the gibbon case//KAPPELER P M. Primate males: causes and consequences of variation in group composition. Cambridge UK: Cambridge University Press: 159–168.

SWINHOE R, 1870. Catalogue of the mammals of China (south of the River Yangtze and the Island of Formosa). Proceedings of the Zoological Society of London: 615–653.

THOMAS O, 1892. Note on the gibbon of the island of Hainan (*Hylobates hainanus* sp. n.). Ann Mag Hist, 9: 145–146.

WELCH F D, 1911. Observation on different Gibbons of the Genus Hylobates now or recently living in the Society's Gardens and a Symphalangus syndactylus, with notes on skins in The Natural History Museum, S: Kensington. Proc. Zool. Soc. Lond: 353–358.

WU W, WANG X M, CLARO F, 2004. The current status of the Hainan black–crested gibbon *Nomascus* sp. cf. *nasutus hainanus* in Bawangling National Nature Reserve, Hainan, China. Oryx, 38: 452–456.

ZHANG M, FELLOWES J R, JIANG X, et al., 2010. Degradation of tropical forest in Hainan, China, 1991 – 2008: Conservation implications for Hainan Gibbon (*Nomascus hainanus*). Biological Conservation, 143: 1397–1404.

ZHANG Y Z, QUAN G, YANG D, et al., 1995. Population parameters of the black gibbon in China//XIA W, ZHANG Y. Primate research and conservation. Beijing: China Forestry Publishing House: 203–220.

ZHANG Y Z, QUAN G Q, ZHAO T G, et al., 1992. Ditribution of primates (except Macaca) in China. Acta Theriologica Sinica, 12: 81–95.

ZHOU J, WEI F W, LI M, et al., 2005. Hainan black–crested gibbon is headed for extinction. International Journal of Primatology, 26: 453–465.

ZHOU J, WEI F W, LI M, et al., 2008. Reproductive characters and mating behaviour of wild *Nomascus hainanus*. Int J Primatol, 29: 1037–1046.

附录1 行为特性中文名索引

附录2 行为特性英文名索引